U0352020

基本农田调查理论及上图技术研究

Jiben Nongtian Diaocha Lilun
ji Shangtu Jishu Yanjiu

黑龙江省国土资源勘测规划院　著

气象出版社
China Meteorlogical Press

图书在版编目（CIP）数据

基本农田调查理论及上图技术研究/黑龙江省国土
资源勘测规划院著 . —北京：气象出版社，2016.12
　ISBN 978-7-5029-6389-7

　Ⅰ.①基… Ⅱ.①黑… Ⅲ.①农田—调查研究—黑龙
江省 Ⅳ.①S28

中国版本图书馆 CIP 数据核字（2016）第 269294 号

Jiben Nongtian Diaocha Lilun ji Shangtu Jishu Yanjiu
基本农田调查理论及上图技术研究
黑龙江省国土资源勘测规划院　著

出 版 发 行：气象出版社
地　　　　址：北京市海淀区中关村南大街 46 号　邮政编码：100081
电　　　　话：010-68407112（总编室）　　010-68409198（发行部）
网　　　　址：http://www.qxcbs.com　　E-mail：qxcbs@cma.gov.cn
责 任 编 辑：颜娇珑　胡育峰　齐翟　　　　终　　审：邵俊年
封 面 设 计：符　斌　　　　　　　　　　　责任技编：赵相宁
印　　　　刷：北京地大天成印务有限公司
开　　　　本：787 mm×1092 mm　1/16　　印　　张：6.5
字　　　　数：124 千字
版　　　　次：2016 年 12 月第 1 版　　　　印　　次：2016 年 12 月第 1 次印刷
定　　　　价：50.00 元

本书如存在文字不清、漏印以及缺页、倒页、脱页等，请与本社发行部联系调换。

《基本农田调查理论及上图技术研究》
编　委　会

主　　编　狄　春

副 主 编　张伟东　刘国权　康　璐　汪继伟

编写人员　（以姓氏笔画为序）

王欣围　史佳鑫　付　饶　刘　丹

刘学伟　牟　荣　肖　洋　陈松枝

陈　颖　张琳琳　张　默　林　宏

金勇健　岳彩丰　赵宇超　郭　丹

梁英桥　揣杰琦　邹存刚

前　言

　　土地调查是我国法定的一项重要制度，是全面查清、查实土地资源的重要手段。第一次全国土地调查从 1984 年开始，至 1997 年结束，历经 10 多年之久。10 年之后，国务院决定自 2007 年 7 月 1 日起开展第二次全国土地调查。第二次全国土地调查作为一项重大的国情国力调查，目的是全面查清全国土地利用状况，掌握真实的土地基础数据。开展第二次全国土地调查，掌握真实、准确的土地数据，是全面贯彻落实科学发展观，建设资源节约型、环境友好型社会，促进社会经济全面、协调、可持续发展的要求；是推进城乡统筹发展，保障国家粮食安全和促进社会稳定、保护农民利益等工作的重要内容；是编制国民经济和社会发展规划，加强国民经济宏观调控，实施科学决策的重要依据；是贯彻落实国务院深化改革严格土地管理的决定，提高政府依法行政能力和国土资源管理水平的迫切需要；是科学规划、合理利用、有效保护国土资源和实施最严格耕地保护制度的根本手段。基本农田调查则是第二次全国土地调查中的重要内容。因为基本农田是耕地中的精华，加强基本农田保护，对优质耕地实行特殊保护，能够在保障国家粮食安全方面发挥积极作用。

　　《第二次全国土地调查基本农田调查技术规程》中规定了基本农田调查任务：以县级调查区域为单位，依据本地区土地利用总体规划，按照基本农田划定及补划、调整的相关资料，将基本农田保护片（块）落实到标准分幅土地利用现状图上，计算统计县级基本农田面积，并逐级汇总出地（市）级、省级和全国的基本农田面积。出版《基本农田调查理论及上图技术研究》一书是为解决基本农田调查任务中的重点与难点，让广大国土调查工作人员掌握基本农田调查的相关理论和调查程序、方法以及调查要求，确保调查成果质量，也为了解、研究及进行基本农田调查工作奠定了可靠基础。

本书以国家粮食主产区之一的黑龙江省为示范区，设立了基本农田调查理论及上图技术研究专题，紧紧围绕基本农田调查的工作重点，注重实用性和操作性，同时兼顾基础理论的介绍。《基本农田调查理论及上图技术研究》共分为十个章节，介绍了基本农田调查相关理论与技术方法，如比较分析法、文献调研法、系统分析法、规范分析法；还创造性地总结归纳出扫描矢量化套合法、判读转绘法和数据转换套合法三种基本农田调查方法。依据试点实践，对三种作业方法进行了详细的研究，分析了每种方法的利弊、适用条件和适合区域，对不同类型区域的上一轮基本农田划定和调整资料进行了整理，对黑龙江省上一轮基本农田划定中存在的问题进行了调查研究与分析，对不同资料开展基本农田上图的工作方法进行研究利用。由不同区域在编制规划初期基本农田划定方式的差异，分析出不同区域基本农田调查的方法和模式，探索利用不同资料开展基本农田上图的工作方法，研究新一轮土地利用总体规划中划定基本农田、建设基本农田数据库的对策与措施。

　　本书主要适用于参加土地调查工作的技术人员使用，也可供从事国土工作的其他人员参考。

　　本书编纂过程中得到了黑龙江省国土资源厅有关领导及专家的大力支持和指导，在此一并表示衷心的感谢。本书涉及面广泛、信息量大，由于土地情况复杂，作者水平有限，难免存在不足和疏漏之处，敬请广大读者悉心指教。

编者
2016 年 5 月

目　录

图表目录

第一章

概　述

◆ 第一节　任务来源

第二次全国土地调查（简称二次调查）作为一项重大的国情国力调查，于 2007 年 7 月 1 日正式启动，并以 2009 年 12 月 31 日为标准时点汇总数据。目的是为了全面查清全国土地利用状况，掌握真实的土地基础数据，并对调查成果实行信息化、网络化管理，建立和完善土地调查、统计制度和登记制度，实现土地资源信息的社会化服务，满足经济社会发展、土地宏观调控及国土资源管理的需求。开展第二次全国土地调查，对于贯彻落实科学发展观，构建社会主义和谐社会，促进经济社会可持续发展和加强国土资源管理具有十分重要的意义。

基本农田调查是第二次全国土地调查中的重要内容，《第二次全国土地调查基本农田调查技术规程》TD/T 1017—2008 中明确了基本农田调查的目的：通过基本农田调查，查清基本农田的位置、范围、地类、面积，掌握全国基本农田的数量及分布状况，为基本农田保护和管理提供基础资料。而基本农田调查理论及上图技术研究则是基本农田调查过程中的难点和重点，是其灵魂所在，基本农田调查上图方法的正确选择与运用关系到二次调查能否高质高量地进行与完成。

2013 年 12 月 30 日，国务院新闻办公室召开新闻发布会，公布全国二次调查主要数据成果。随后，全国各省在第二次全国土地调查办公室领导小组的要求下，陆续公布了各省二次调查的主要数据成果。此后，全国土地调查办公室责成中国土地勘测规划院进行全国二次调查成果集成整理，为总结集成第二次全国土地调查技术理论，研究探索更加切合实际的基本农田调查上图技术路线、技术方法和作业流程，并在客观总结分析上一轮基本农田划定经验教训的基础上，为基本农田划定工作提出有关建议，中国土地勘测规划院委托黑龙江省国土资源勘测规划院开展了基本农田调查理论及上图技术研究，以黑龙江省为示范区，设立了基本农田调查理论及上图技术研究专题。

◆ 第二节　研究目的与意义

一、研究目的

（一）总结归纳基本农田调查相关理论与技术方法。

（二）通过探索基本农田调查的技术手段和方法，有效保证基本农田定性、定量、定位的科学性，为今后相关基本农田调查工作的顺利开展奠定基础。

（三）使基本农田调查上图工作更加科学、准确、规范，客观分析基本农田的变化原因和去向，总结基本农田保护工作的经验和教训。

（四）提出加强和改进基本农田保护工作的政策建议，有利于进一步完善土地管理政策和制度，进一步做好基本农田保护工作。

二、研究意义

（一）基本农田调查是土地调查非常重要的一部分，基本农田调查任务直接关系到历次土地调查的顺利、成功完成。广泛收集基础资料，认真研究调查区的实际情况，努力开展好此项专题，有助于今后土地调查任务高质量完成。

（二）粮食问题永远是人类生存发展所面临的首要问题，而解决好十几亿人口吃饭问题始终是我国政府所面临的首要民生问题，保护好基本农田则是我国粮食安全的重要保障。基本农田调查的目的就是要确定基本农田的数量，而进行基本农田调查方法的研究是基本农田调查的重中之重。全面查清基本农田状况，对于保障国家粮食安全和促进社会稳定具有举足轻重的意义。

（三）客观评价基本农田保护工作，是完善最严格耕地保护制度的必要举措。通过基本农田调查，掌握基本农田的数量、分布和保护状况，为加强基本农田管理，及时反映、监测基本农田变化等提供基础图件信息，为科学规划、合理利用、有效保护国土资源和实施最严格的耕地保护制度提供科学依据。

（四）对国土管理部门而言，科学、准确的土地信息对土地规划有着基础性的作用：

1. 针对不同区域基本农田采取与之相适应的调查方法，能够保证获取信息的效率、准确性、完整性。

2. 在对获取信息的处理过程中，选取合适的上图技术，关系到土地利用规划的科学修编和有效实施，关系到下一步土地管理政策、制度的健全、完善，也关系到国土资源管理工作的大局。

3. 信息入库的经济、迅速、有效，便于管理部门对土地信息的科学使用。

◆ 第三节　研究主要内容和方法

基本农田调查方法的研究主要是建立在基本农田相关资料的收集、整理和分析的基础上，对各种基本农田调查方法的利弊、适用范围、适合区域进行客观、系统的总结，形成系统的研究方法体系，提出不同区域、不同基础资料情况的基本农田调查上图技术路线，各区域在此基础上进行基本农田调查上图，并逐级汇总形成基本农田调查上图数据，分析总结出基本农田近 20 年间变化情况及保护的力度，提出科学、合理划定基本农田的建议。

一、研究内容

（一）收集、整理不同类型区域的上一轮基本农田划定和调整资料。

（二）调查研究黑龙江省上一轮基本农田划定中存在的问题。

（三）研究利用不同资料开展基本农田上图的工作方法。

（四）根据不同区域在编制规划初期基本农田划定方式的差异，分析不同区域基本农田调查的方法和模式。

二、研究方法

研究过程中主要采取以下方法：

（一）比较分析法

比较分析法是按照特定的指标体系将客观事物加以比较，以达到认识事物的本质和规律为目的，并做出正确的评价。在此收集各县基本农田相关资料，通过比较各县相关资料来分析其特点，并辨析不同调查和上图方法的优缺点与适用范围，最后制定切实可行的操作规范。

（二）文献调研法

文献调研法主要是指搜集、鉴别、整理文献，并通过对文献的研究，形成对事实科学认识的方法。在此通过各种途径收集已有相关研究的成果和报告，仔细研读与分析，汲取成功经验并加以借鉴。

（三）系统分析法

系统分析法是指把要解决的问题作为一个系统，对系统要素进行综合分析，找出解决问题的可行方案的方法。在此采用系统科学的理论与方法开展基本农田调查方法研究。

（四）规范分析法

规范分析法是以一定的价值判断作为出发点和基础，提出行为标准，并以此作为处理经济问题和制定经济政策的依据，探讨如何才能符合这些标准的分析和研究方法。在此是以一定的行业标准、技术规定等为参考来开展基本农田调查方法研究。

◆ 第四节　研究重点、难点与关键点

一、研究重点

（一）分析黑龙江省上一轮基本农田划定中存在的问题。

（二）研究利用不同资料开展基本农田上图的工作方法。

（三）新一轮土地利用总体规划中划定基本农田、建设基本农田数据库的对策与措施。

二、研究难点与关键点

（一）上一轮基本农田规划数据与第二次全国土地调查数据的空间匹配。

（二）基本农田调整与补充划定的原则与标准。

第二章

基本概念与相关规定

◆ 第一节　基本概念

基本农田：根据一定时期人口和社会经济发展对农产品的需求以及对建设用地的预测，根据土地利用总体规划而确定的长期不得占用的耕地。

基本农田保护区：为对基本农田实行特殊保护而依据土地利用总体规划和依照法定程序确定的特定保护区域。

基本农田保护片（块）：在基本农田保护区内划定的具体的基本农田地块。

基本农田划定：依据土地管理法、基本农田保护条例及相关规定，确定基本农田的具体位置及数量。

基本农田调整：依据土地管理法、基本农田保护条例及相关规定，对因土地利用总体规划修编导致基本农田局部发生变化，按照规定程序重新确定基本农田空间位置、数量、地类等现状信息的过程。

基本农田补划：依据土地管理法、基本农田保护条例及相关规定，对依法批准或认定的建设项目占用基本农田或者因生态退耕、自然灾害损毁等原因导致基本农田发生变化，按照规定程序补充确定基本农田空间位置、数量、地类等现状信息的过程。

增划基本农田：土地利用总体规划修编中，为补划规划期内不易确定具体范围的建设项目占用的基本农田，在完成上级规划下达的基本农田保护任务基础上多划出一定面积的基本农田。

◆ 第二节　基本农田调查的必要性

土地调查是我国法定的一项重要制度，是全面查实查清土地资源的重要手段。基本农田调查又是第二次全国土地调查中的重点与难点。国务院在部署二次调查工作时明确强调，查清基本农田和耕地的真实状况，是第二次全国土地调查的首要任务，是衡量二次调查成败的关键。划定基本农田保护区主要是为满足我国未来人口和国民经济发展对农产品的需求，将保证农业生产必需的耕地划入基本农田保护区，并建立各项基本农田保护制度，对耕地实行特殊保护，为农业生产乃至国民经济的持续、稳定、快速发展起到保障作用。具体地说，划定基本农田保护区，对耕地保护起到了积极作用。

第一，通过划定基本农田保护区并建立各项基本农田保护制度，切实保护了耕地。各地区大都做到了严格控制占用基本农田保护区内的耕地，即使是确需占用的，也通过实施占补挂钩措施，实行"占一补一"。

第二，一些地方结合基本农田保护区的划定，大规模整治土地，通过改造旧村庄、整修沟渠、林带、路网、清除农田中的坟地、废砖窑及其他障碍物，使耕地面积有所增加。

第三，一些地方政府加大了对基本农田的投入，不断提高基本农田建设标准。

第四，有利于调动农民对耕地投入的积极性。划定基本农田保护区，对耕地实行特殊保护，使农民吃了"定心丸"，增强了农民精耕细作、投资、投劳、培肥地力的积极性。

第五，通过划定基本农田保护区，进一步稳定了农村家庭联产承包责任制，落实了党的农村政策，为农业稳定发展提供了较好的条件。

第六，对划定基本农田保护区进行了广泛的宣传、发动，层层落实责任人，更广泛地增强了全民保护耕地的意识。

◆ 第三节　基本农田划定的相关规定

一、土地管理法

我国人多地少，耕地后备资源贫乏，如何保护我国宝贵的耕地资源并合理利用，是我国迫在眉睫的大事。划定基本农田保护区，对基本农田保护区内的耕地实行特殊保护，是经实践证明保护耕地的有效方法。1998 年 8 月 9 日第九届全国人民代表大会常务委员会第四次会议对《中华人民共和国土地管理法》进行了新的修订，将基本农田保护制度上升为法律，明确要划定基本农田保护区。于 2004 年 8 月 28 日第十届全国人民代表大会常务委员会第十一次会议对《中华人民共和国土地管理法》又进行了修订，完善了保护制度。

划定基本农田保护区主要是为了对耕地实行特殊保护。对于那些影响国民经济及农业发展的重点耕地，必须划入基本农田保护区实行严格管理。根据《中华人民共和国土地管理法》的规定，应当划入基本农田保护区的耕地主要有以下几种：

第一，经国务院有关主管部门或者县级以上地方人民政府批准确立的粮、棉、油生产基地内的耕地。主要指国家和地方确定的商品粮基地、商品棉基地和商品油基地。这些地方生产的粮、棉、油商品率高，对国家市场调节贡献大，在国民经济发展和保证城乡居民生活中起着关键作用。因此，国家和地方各级政府对商品粮、棉、油基地建设都采取了一些特殊的政策，并给予一定的投入和扶持。对这些地区的耕地也必须实行特殊保护。各级人民政府在编制土地利用总体规划时应充分考虑到这一点，将国务院有关主管部门或者县级以上地方人民政府批准确立的粮、棉、油生产基地内的耕地划入基本农田保护区。

第二，有良好的水利与水土保持设施的耕地，正在实施改造计划以及可以改造的中、低产田。除了高产、稳产的耕地以外，有良好的水利与水土保持设施的耕地也是具有保护价值的。此外，我国耕地总体质量差，人均水平低，对于正在实施改造计划以及可以改造的中、低产田，虽然目前产量不高或者生产率不高，但有一定的开发潜力，经过治理、改造可以发挥更大的作用。为了满足人民生活对粮食的需求，对这些有潜力的耕地，也应当予以保护。

第三，蔬菜生产基地。为了保证城市居民生活必需的蔬菜需要，对于生产蔬菜需要的耕地，也应当划入基本农田保护区。菜地是耕地的精华，一般都有良好的水利设施，生产条件好，产量高，而且一般离城市较近，是城市建设重点侵蚀的对象；况且，形成新的蔬菜生产基地需要投入大量资金，并经过很长时间才能形成。因此，这些耕地应当划入基本农田保护区予以保护。

第四，农业科研、教学试验田。农业科研、教学试验田对农作物产量的提高、新品种的推广等都有着特殊的贡献。新中国成立以来，我国粮食单产的增加主要是靠农业科技的进步以及新品种的引进来实现的。农业科研、教学试验田是农业生产的高新技术生产基地，对农业的发展、提高农产品产量和质量意义重大。此外，农业科研、教学试验田对耕地的土壤、气候、水利等都有特殊的需求，占用之后要重新建设难度大、时间长。因此，农业科研、教学试验田必须划入基本农田保护区予以特殊保护。

第五，国务院规定应当划入基本农田保护区的其他耕地。除了上述 4 种耕地必须划入基本农田保护区以外，国务院可以根据粮食生产和经济发展的需要，确定其他应当划入基本农田保护区的耕地类型。

此外，还规定了划定基本农田的数量要求。即省、自治区、直辖市划定的基本农田应当占本行政区域内耕地的百分之八十以上。划定基本农田保护区的首要任务就是从数量上对耕地进行保护。规定基本农田应当占耕地的百分之八十以上，是根据国民经济和人口发展对粮、棉、油的需求来确定的。

基本农田保护区划定以后，就要以乡（镇）为单位具体落实到地块，并到实地进行划界，确定具体的四至范围，并设立保护标志。对基本农田进行保护是土地行政主管部门一项长期的工作，也是国务院赋予土地行政主管部门的一项职责。保护基本农田也是直接为农业生产服务的，作为主管农业生产工作的农业部门参与该项工作也是十分必要的。因此，基本农田保护区的划区定界工作由县级人民政府土地行政主管部门会同同级农业行政主管部门组织实施。

二、基本农田保护条例

我国人口多耕地少，耕地后备资源不足，维护国家粮食安全，保持社会稳定，始终是我国的一个重大问题。为此，国家专门制定了《基本农田保护条例》，于 1998 年 12 月 24 日国务院第十二次常务会议通过。《基本农田保护条例》的根本目的就是为了对基本农田实行特殊保护，以满足我国未来人口和国民经济发展对农产品的需求，为农业生产乃至国民经济的持续、稳定、快速发展起到保障作用。各级人民政府要以土地利用现状调查的实有耕地面积为基数，按照《基本农田保护条例》的规定划定基本农田保护区，建立严格的基本农田保护制度，并落实到地块，明确责任，严格管理。要建立基本农田保护区耕地地力保养和环境保护制度，有效保护好基本农田。基本农田保护制度在我国逐步建立并深入人心。

《基本农田保护条例》中关于基本农田划定的有关规定，是对《中华人民共和国土地管理法》中的相关规定进行了细化，这里不再具体阐述。

三、基本农田划定技术规程

2011 年《基本农田划定技术规程》通过全国国土资源标准化技术委员会审查，于

2011 年 6 月 30 日起实施，编号为 TD/T 1032—2011。《基本农田划定技术规程》规定了基本农田划定（补划）的任务、原则、实施主体、技术方法、技术要求、流程、成果规范等。其适用于依据土地利用总体规划开展的基本农田划定，以及在土地利用总体规划实施过程中，依法批准建设占用基本农田或因法定的其他原因造成基本农田减少的补划工作。

（一）基本农田划定的有关规定

依据土地利用总体规划确定的基本农田，结合土地利用现状调查成果，对已有基本农田保护成果进行对比分析，经核实确认，符合土地利用总体规划基本农田布局要求的现状基本农田，继续保留划定为基本农田。现状基本农田中的建设用地、未利用地，以及不符合土地利用总体规划基本农田布局要求且不可调整或达不到耕地质量标准的农用地，不得保留划定为基本农田。新划定的基本农田土地利用现状应当为耕地。下列类型的耕地禁止新划定为基本农田：

1. 坡度大于 25°且未采取水土保持措施的耕地、易受自然灾害损毁的耕地。

2. 因生产建设或自然灾害严重损毁且不能恢复耕种的耕地。

3. 受重金属污染物或者其他有毒有害物质污染的耕地，或治理后仍达不到国家有关标准的耕地。

4. 未纳入基本农田整备区的零星分散、规模过小、不易耕作、质量较差的低等级耕地。

（二）基本农田补划的有关规定

基本农田补划要依法依规，符合相关技术要求，在基本农田划定成果的基础上，及时更新基本农田相关成果。其要遵循占用与补划"数量相等、质量相当"的原则。具体要求为：

1. 经依法批准建设占用的基本农田，补划面积应不少于建设占用的面积，质量等级不低于占用土地的质量等级。

2. 违法占用或因各种原因造成损毁的基本农田应当依法复垦，复垦后不能作为基本农田的，补划的面积应不少于减少部分的基本农田面积，质量等级不低于减少部分的基本农田。

3. 因其他原因造成基本农田减少的，本行政区域内现状基本农田面积已少于土地利用总体规划确定的基本农田面积指标的，应当按照土地利用总体规划确定的指标补划相应的面积，补划的质量等级不低于减少的基本农田。

4. 补划的基本农田土地利用现状应当是耕地。

第三章

基本农田划定
状况调查

◆ 第一节　研究区域选择

黑龙江省位于中国东北部，北部、东部与俄罗斯隔江相望，西部与内蒙古自治区相邻，南部与吉林省接壤。辖哈尔滨、齐齐哈尔、鸡西、双鸭山、大庆、伊春、佳木斯、七台河、鹤岗、牡丹江、黑河、绥化 12 个地级市和 1 个大兴安岭地区。全省土地总面积 47.07 万平方千米（含加格达奇区、松岭区面积 1.82 万平方千米），居全国第 6 位。边境线长 2 981.26 千米，是亚洲与太平洋地区陆路通往俄罗斯和欧洲大陆的重要通道，是中国沿边开放的重要窗口。

黑龙江省作为农业大省，全国第一粮食主产区，对保障国家粮食安全发挥着不可替代的作用，在农业和农村经济中占有重要的战略地位。选择黑龙江省作为研究区域，主要有如下原因：

一、黑龙江省耕地面积大

黑龙江省地域辽阔，土地资源丰富，人均占有耕地数量多。根据详查数据显示，全省耕地面积 1 177.30 万公顷，占全国耕地总面积的 24%，人均占有耕地 0.32 公顷（1 公顷等于 15 亩，折合 4.80 亩），均居全国各省（直辖市、自治区）首位，成为国家重要的商品粮基地。

二、黑龙江省地形地貌复杂

黑龙江省共 16 种地貌类型。地势大致是西北部、北部和东南部高，东北部、西南部低；主要由山地、台地、平原和水面构成。东南部为东北—西南走向的张广才岭、老爷岭、完达山脉，西北部为东北—西南走向的大兴安岭山地，北部为西北—东南走向的小兴安岭山地，山地约占全省总面积的 24.7%；海拔高度在 300 米以上的丘陵漫岗地带约占全省总面积的 35.8%；东北部的三江平原、西部的松嫩平原是中国面积最大的平原——东北平原的一部分，平原占全省总面积的 37.0%，海拔高度为 50～200 米。

三、黑龙江省是全国粮食主产区之一

黑龙江省在 2007 年粮食总产量达到 692.6 亿斤（1 斤等于 0.5 千克）的基础上，连续越过 800 亿斤、900 亿斤、1 000 亿斤、1 100 亿斤 4 个台阶，到 2011 年的 1 114.1 亿斤，比 2007 年增长了 60.9%，年均增长 12.6%。按照国家统计局公布的数据，2011 年黑龙江省粮食总产量跃居为全国第一，商品粮产量全国第一，占全国总产量的比重达到 9.8%，这个比重继 2010 年提高 1.0 个百分点的基础上，再次上升了 0.6 个百分点，为保障国家粮食安全做出了突出贡献。

四、黑龙江省耕地具有代表性

黑龙江省土质肥沃，自然肥力较高，共有土类 10 余种，绝大部分耕地为平地、低平地和漫岗地形，坡度在 5°以上，适合大面积机械化生产经营。且松嫩平原中部是世界三大黑土带之一，耕地中黑土、黑钙土、草甸土等优质土壤占 67.5%，素以黑土地闻名天下。据调查，黑龙江省集中连片的耕地后备资源约为 27.38 万公顷，主要分布在三江平原东部、松嫩平原北部及黑龙江沿岸。这两大平原耕地占全省耕地总面积的 80%，后备资源数量整体较大。

五、黑龙江省土地调查原始资料保存完整

《国务院批转农牧渔业部、国家计委等部门关于进一步开展土地资源调查工作的报告的通知》于 1984 年下发，开始第一次全国土地调查，于 1997 年年底结束。黑龙江省对第一次全国土地调查的原始资料保存状况良好。对本书结合第二次全国土地调查、研究黑龙江省上一轮基本农田划定中存在的问题有更全面的参考资料。

基于以上五点，黑龙江省耕地及基本农田的研究不仅能够作为本次研究的典型范例，而且对于保护黑土区生态安全，促进黑土区资源、环境、经济社会的持续发展具有重要的应用价值和典型的科学意义，更具有重要的战略意义。

◆ 第二节　黑龙江省概况

一、区位概况

黑龙江省作为国家级商品粮基地，全面查清全省的基本农田状况，对于保障国家粮食安全和促进社会稳定具有举足轻重的意义。

黑龙江省西起兴安岭北部的大林河源头以西（东经121°11′），东至抚远以东、乌苏里江注入黑龙江的汇流处（东经135°05′），南起东宁县的南端（北纬43°25′），北至漠河以北的黑龙江主航道（北纬53°33′）。东西跨14个经度，3个湿润区；南北跨10个纬度，2个热量带。西部与内蒙古自治区相邻，南部与吉林省接壤。

二、自然地理条件

（一）地质地貌

全省的地质构造体系主要有4种，即北东向的新华夏系构造、北东向的华夏系构造、华夏式构造和东西向构造。新华夏系构造与华夏系构造以隆褶、坳褶为主；东西向构造表现为隆起与坳陷、岩浆活动与断裂。在这些构造体系中，以新华夏系对于全省地貌格局的影响最为明显。全省地貌特征为"五山一水一草三分田"。

（二）气候

黑龙江省属中温带、寒温带大陆性季风气候。四季分明，夏季雨热同季，冬季漫长，全省年平均气温为−5～4 ℃，有5个月平均气温在0 ℃以下。日平均气温大于10 ℃积温在1 500～2 600 ℃·d。大部分区域无霜期为100～140天。

全省年平均降水量为400～650毫米，呈现出由东向西递减的趋势。黑龙江省降水变率较小，大部分地区小于20%，在全国是年降水量比较稳定的地区。

黑龙江省年日照时数一般为2 400～2 800小时，东部少，西部多；北部少，南部多。全年太阳辐射总量为100～130千卡/厘米^2，与我国长江中、下游地区相似。这样的光热条件成为各种农作物能在较短时间生长成熟、避免霜冻灾害的重要保证。

（三）土壤

黑龙江省土壤面积为 44.37 万平方千米，占土地总面积的 93%。全省土壤分布可划分为六大典型区域：暗棕壤是黑龙江省山地主要土壤，主要分布在小兴安岭和由完达山、张广才岭及老爷岭组成的东部山地，大兴安岭东坡亦有分布，土壤有机养分含量高，适宜农作物种植；黑土除牡丹江市外其他各地均有分布，是黑龙江省主要的耕作土壤，主要集中分布在滨北、长滨铁路沿线两侧；松嫩平原主要以黑钙土为主，降水量不足是该区作物生长的主要限制因素，十年九旱，严重影响作物产量；草甸土、沼泽土、盐碱土等土壤类型在黑龙江省也大量分布，土壤有机质含量低，农作物产量受到较大影响。

（四）水文水资源

黑龙江省河流较多，流域面积在 50 平方千米以上的河流有 1 918 条，5 000 平方千米以上的河流有 26 条，10 000 平方千米以上的河流有 18 条。主要河流有黑龙江、松花江、嫩江、乌苏里江、绥芬河。主要湖泊有兴凯湖、镜泊湖、五大连池和连环湖。地表水资源总量为 656 亿立方米，地下水资源总量为 273.5 亿立方米，扣除重复累计的，全省水资源总量为 772 亿立方米，人均占有水资源量为 2 058 立方米，低于全国平均水平；耕地亩均占有水资源量为 460 立方米，仅相当于全国平均水平的23%，其中平原地区可开采的约有 110 亿立方米。

全省地表水资源大部分经松花江、乌苏里江、呼玛河、逊毕拉河等汇入黑龙江后入海；另一路经由绥芬河流出境外。此外，还有省外、国外流入的地表水资源。在年内，5 月、6 月降水较少，常出现枯水期；7 月、8 月降水较多，常出现丰水期。

黑龙江省的地下水资源，平原区为 159.4 亿立方米，山丘区为 125.1 亿立方米，扣除两者之间重复水量 11 亿立方米，总量为 273.5 亿立方米。可开发利用的地下水资源集中在平原区，每年可开采量为 99.1 亿立方米。

（五）植被

黑龙江省植被分布呈明显的地带状，分属于温带针叶林、温带针阔叶混交林和草甸草原 3 个基本植被分带。由于自然条件不同和人为活动因素影响，又分为针叶林、针阔混交林、次生阔叶林、草原化草甸、草甸草原、草原、草甸、沼泽等植被类型。

三、社会经济条件

（一）行政区划状况

2010 年，黑龙江省辖 13 个地市，其中 12 个省辖市，1 个行政公署，66 个县（市），其中县级市 19 个；1 211 个乡（镇），其中镇 464 个，14 488 个村。省会哈尔

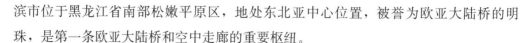
滨市位于黑龙江省南部松嫩平原区，地处东北亚中心位置，被誉为欧亚大陆桥的明珠，是第一条欧亚大陆桥和空中走廊的重要枢纽。

（二）人口状况

黑龙江省是一个多民族聚居的省份，全省共有 47 个民族。黑龙江省现有总人口3 800万人。其中乡村人口 1 737 万人，占 45.8%，城镇人口 2 055 万人，占 54.2%。黑龙江省农业人口密度区域分布差异较大：松嫩平原农业人口密度最大，其中绥化市、哈尔滨市、双城市*和巴彦县均大于等于 180 人/千米²，大小兴安岭地区和三江平原东部农业人口密度较低，部分县市农业人口不足 15 人/千米²。

（三）经济发展水平

2009 年，黑龙江省国内生产总值达到 8 288 亿元，人均国内生产总值 2.17 万元。全年黑龙江省第一、二、三产业产值结构为 13.9：47.3：38.8，产业结构进一步优化。同时，在农村经济中，非农产业、农业多种经营和经济作物的比例明显上升，农、林、牧、渔在大农业产值中的比重为 53.6%、3.8%、38.7%、3.9%。

2009 年，全省粮食作物播种面积为 1 082.1 万公顷，粮食总产量为 3 965.5 万吨。其中，水稻产量为 1 574.5 万吨，玉米产量为 1 920.2 万吨，小麦产量为 116.3 万吨，大豆产量为 591.9 万吨。经济作物产量有增有减，烤烟产量为 7.3 万吨，甜菜产量为110.0 万吨，水果产量为 218.3 万吨，蔬菜产量为 701.2 万吨，油料产量为 28.2 万吨。2009 年末，全省绿色食品认证个数 1 200 个，绿色食品种植面积 384 万公顷，继续保持全国第一位。全年转移农村劳动力 483 万人，实现劳务收入 217 亿元。全省率先在全国实现农业生产机械化，2009 年末，全省拥有农用机械总动力 3 401.3 万千瓦，拥有农用拖拉机 129.4 万台，农用运输车 18.6 万辆，全年农村用电量 48 亿千瓦时。农田有效灌溉面积 249.50 万公顷，节水灌溉面积 183.40 万公顷。

四、耕地资源状况

（一）耕地数量及结构

根据黑龙江省第二次土地调查成果，截至 2009 年，全省共有耕地 1 594.89 万公顷，占黑龙江省土地总面积的 25%，农村人均耕地面积 1.96 公顷，全省人均耕地面积为 0.85 公顷。可以看出，黑龙江省的耕地数量庞大，人均耕地数量较高，均位于全国各省份的前列。其中水田面积为 245.80 万公顷，占全省耕地面积的 15.41%；水浇地面积为 3.74 万公顷，占全省耕地面积的 0.23%；旱地面积为 1 345.35 万公顷，

＊ 注：2015 年双成市撤市设区，即双城区。

占全省耕地面积的 84.36%。旱地仍然是全省耕地的主体，具有灌溉设施的水浇地所占比例明显偏低。

（二）耕地分布状况

根据黑龙江省第二次土地调查数据，截至 2009 年，全省耕地数量最多的地区是齐齐哈尔市，其面积为 275.00 万公顷，耕地数量最少的是大兴安岭地区，其耕地面积为 14.47 万公顷。就二级地类而言，佳木斯市水田数量位于全省第一，面积为64.51 万公顷；齐齐哈尔市水浇地面积最大，为 1.19 万公顷；齐齐哈尔市的旱地面积居全省首位，其面积为 253.73 万公顷。

（三）耕地质量状况

根据黑龙江省农用地分等的有关材料，全省参与农用地利用分等的耕地面积总计959.72 万公顷。其中，利用等为九、十等的优质耕地面积为 36.29 万公顷，占分等面积的 3.78%，其中哈尔滨优质耕地面积最多，为 26.62 万公顷，其他分布在牡丹江市、大庆市和绥化市。利用等较好的七、八等的耕地主要分布在除大庆市、黑河市和大兴安岭的其他地区，面积为 255.13 万公顷，占分等面积的 26.58%，其中省会哈尔滨市的面积最多，为 96.50 万公顷。耕地质量一般的五、六等耕地面积为 517.85 万公顷，占分等面积的 53.96%，主要分布在除大兴安岭以外的其他地区，其中面积最大的为绥化市，其面积为 61.09 万公顷。耕地质量最差的二、三、四等耕地的面积为150.45 万公顷，占农用地利用等面积的 15.68%，主要分布在除七台河和大庆市以外的其他地区，其中面积最大的为佳木斯市，其面积为 21.34 万公顷。需要特别说明的是只有大兴安岭地区拥有二等地，面积为 1.13 万公顷。

◆ 第三节　上一轮规划基本农田划定情况

一、基本农田面积及分布情况

黑龙江省政府在编制《黑龙江省土地利用总体规划（1997—2010 年）》时，本着"科学规划土地，实现保障发展与保护耕地红线双赢"的原则，在"基本农田数量不减少，质量不降低"的前提下，充分考虑黑龙江省经济与社会发展的实际情况，根据各地区的第一次土地详查数据所确定的各县耕地总面积，把国家下达的基本农田保护面积以行政指标的形式按照各地区的耕地面积划分给各市、地区。

《黑龙江省土地利用总体规划（1997—2010年）》中基本农田划定整体情况是：全省规划1996年耕地总量为1 183.44万公顷，其中划入基本农田保护区的面积为1 083.30万公顷，占全省耕地面积的91%。从地理位置来看，黑龙江省耕地主要分布在松嫩平原和三江平原，两大平原地势平坦，土质肥沃，耕地集中连片，同时也是重要的基本农田保护区域。从行政区域分布上看，主要分布在哈尔滨市、齐齐哈尔市、佳木斯市、绥化市和黑河市，而七台河市、伊春市和大兴安岭地区基本农田面积较少，详见表1。

表1　黑龙江省基本农田保护面积控制指标表　　　　单位：万公顷

单位	面积	单位	面积
黑龙江省	1 083.44	鹤岗市	39.01
哈尔滨市	166.78	双鸭山市	74.54
齐齐哈尔市	209.08	七台河市	17.79
牡丹江市	59.28	伊春市	13.34
佳木斯市	113.21	绥化市	162.11
大庆市	54.41	黑河市	104.23
鸡西市	64.68	大兴安岭地区	4.86

注：数据来源于《黑龙江省土地利用总体规划（1997—2010年）》。

规划期内的各市基本农田保护面积都占耕地总面积的85%以上。

二、基础资料情况

在《黑龙江省土地利用总体规划（1997—2010年）》中，有关于全省及各地区基本农田的文本和表格。

在各地区上一轮市级的土地利用总体规划中有关于本地区及各县（市、市辖区）基本农田相关的文本、表格等。例如在《齐齐哈尔市土地利用总体规划（1997—2010年）》第七章基本农田保护区中明确提到基本农田保护区规划、基本农田保护区划定和管理要求等内容，确定了齐齐哈尔市基本农田保护区的耕地面积，由相关表格确定了各县（市、市辖区）所要保护的基本农田面积。

在上一轮县级土地利用总体规划和乡级土地利用总体规划中除了相关基本农田保护区的文本、表格等以外，还会明确基本农田的具体分布位置，绘制了《土地利用总体规划图》《基本农田分布图》等纸质图件，有个别县市及乡镇还建立了包含基本农田信息的土地利用总体规划数据库。

三、基本农田划定中存在的主要问题

上一轮规划划定的基本农田保护面积总共有 1 083.44 万公顷，其分布主要是按照行政区划定的，这就造成基本农田质量存在一定的问题。一方面，有的地方划定为基本农田的耕地质量差，比如说某个县（市）的耕地质量总体比较差，为了达到上级下达的基本农田保护面积而将质量差的耕地划定为基本农田。其二，由于当时对基本农田的重要性认识不足，没有科学地划定基本农田，存在基本农田不成片、比较分散的问题。其三，当初划定的基本农田可能被占用，由于土地利用总体规划和城市规划没有协调好，导致划定的基本农田可能影响城市的发展。

四、开展基本农田调查与上图需要解决的主要问题

（一）投影系统不一致

本次土地调查要求建立基本农田数据库，同时生成基本农田保护区的相关文本、表格与图件等。而上一轮规划划定基本农田后没有建立数据库，只有一些相关的文本、表格与图件等，有的地区是后来建成的基本农田数据库，其数据库所用的投影系统是高斯-克吕格投影，采用的是 1954 年北京坐标系。此次开展的土地调查及基本农田调查，所建立的数据库投影系统是按照《第二次土地调查数据库标准》规定的投影系统，即采用的投影是高斯-克吕格投影，采用的坐标系是西安 80 坐标系。所以在此次基本农田调查过程中无论是直接利用已有的图件，还是利用上一次土地利用规划数据库，都需要进行投影变换。

（二）原有图件主要是纸质图件，各地保存状况不一

由于上一轮规划后的基本农田分布与数据等信息基本上都是纸质图件，所以在保存方面各地区可能有差异。有的地区将这些纸质图件保存得完整，信息全面，同时没有褶皱等情况；有的地区保存的图件可能有所丢失而不完整，或是纸质图件因保存不善而导致缩水、褶皱等情况。所以在进行基本农田调查时，一方面在数据收集方面增加了难度，另一方面在图件扫描时会影响数据精度。

（三）原有图件的制图精度较差

由于上一轮土地详查得到的数据基本上都是手绘的纸质图件，所以在精度上比较低，存在的误差比较大。在此次基本农田调查时，需要将原有图件数据与实地调查数据相结合，从而建立新的基本农田信息，同时提高此次数据的精度。

（四）实地变化较多

自从上一轮规划实施以来，各地的地块范围、农村道路、防护林、沟渠等都有一定的变化，原有图件的时效性已经明显降低，难以准确反映当前的土地利用状况。这些变化都会对本次基本农田调查带来严峻考验。

（五）各地均有不同程度的调整

近年来，各地方政府都对原有的基本农田部分进行调整，致使基本农田原有图件信息与实地不符。由于各地区的社会经济发展情况不同，占用基本农田的数量和对基本农田进行调整的规模也不尽相同。所以在此次基本农田调查时，每个县甚至是每个乡镇要选择合适的上图方法。

正是基于这些问题，接下来的第四、五、六章详细论述了判读转绘法、扫描矢量化套合法和数据转换套合法的基本原理、技术路线及其在基本农田调查与上图中的应用。

第四章

判读转绘法

◆ 第一节　基本原理

一、理论基础

判读又称解译、判释。指人们依据地物波谱特性、空间特征和成像机制以及所掌握的地学规律，通过分析地物影像特征来识别它的过程。其目的是从图像中获取需要的专题信息，需要解决的问题是判读出图像中有哪些地物，它们分布在哪里，并对其数量特征给予粗略的估计。

图像的判读要遵循"先图外、后图内，先整体、后局部"的原则。

"先图外、后图内"是指扫描图像判读时，首先要了解图像框外提供的各种信息，即图像覆盖的区域及其所处的地理位置、图像比例尺、图像注记等。

了解图外相关信息后，再对图像判读。判读是遵循"先整体、后局部"的原则，做整体的观察，了解各种地理环境要素在空间上的联系，综合分析目标地物与周围环境的关系。

转绘是指通过某种手段将图像从一种介质绘到另一种介质上的过程。

二、基本原理

判读转绘法是通过判读基本农田相关图件资料等，判读出基本农田划定、补划、调整资料上的保护片（块）界线，然后通过手工或计算机等方式转绘在土地利用现状图或调查底图上，再结合其他补充资料等确定基本农田位置、范围、地类的方法。

◆ 第二节 操作方法与流程

一、操作步骤

（一）基于纸质图件的判读转绘法

1. 通过计算机输出纸质第二次土地调查农村土地调查形成的土地利用现状图，图纸比例尺的选择应尽量与基本农田规划图比例尺保持一致。

2. 依据基本农田划定、补划、调整图件上的基本农田保护片（块）界线或基本农田地块（图斑）界线，目视判读标绘在纸质土地利用现状图的相应位置上，制作成基本农田调查工作底图。

3. 根据基本农田调查工作底图上标绘的基本农田位置，从土地利用现状数据库中提取相关地类图斑界线作为基本农田保护片（块）界线或基本农田地块（图斑）界线。

4. 按照基本农田要素属性结构表要求，对提取的基本农田保护片（块），逐一输入属性数据，或利用数据库软件集中录入属性数据后，通过关键字段连接到图形上。

5. 对基本农田保护片（块）层数据进行拓扑错误检查，对不满足拓扑要求的进行修改。

6. 将正确的数据入库。

（二）基于人机交互的判读转绘法

1. 在计算机中打开第二次土地调查农村土地调查形成的土地利用现状图，图纸比例尺的选择与基本农田规划图比例尺保持一致。

2. 依据基本农田划定、补划、调整图件上的基本农田保护片（块）界线或基本农田地块（图斑）界线，目视判读转绘在土地利用现状图的相应位置上，制作成基本农田调查工作底图。

3. 根据基本农田调查工作底图上标绘的基本农田位置，从土地利用现状数据库中提取相关地类图斑界线作为基本农田保护片（块）界线或基本农田地块（图斑）

界线。

4. 按照基本农田要素属性结构表要求，对提取的基本农田保护片（块），逐一输入属性数据，或利用数据库软件集中录入属性数据后，通过关键字段连接到图形上。

5. 对基本农田保护片（块）层数据进行拓扑错误检查，对不满足拓扑要求的进行修改。

6. 将正确的数据入库。

二、技术流程

判读转绘法技术流程如图 1 所示。

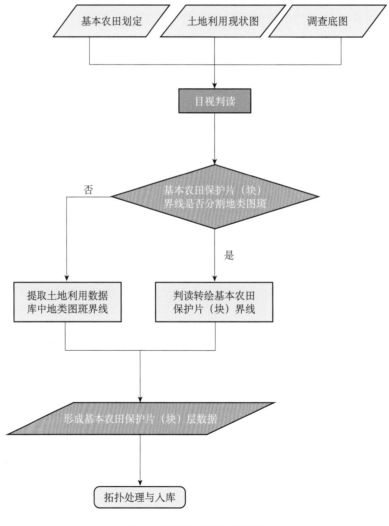

图 1 判读转绘法技术流程

三、主要方式

以判读转绘法为基础，提出了 3 种可行的实现方式以达到预期效果，分别是删除图斑法、提取边界线法、提取图斑法，以在 ArcGIS 9.3 软件里操作为例。

（一）删除图斑法

删除图斑法的思路是以未经过条件合并的地类图斑（面文件 DLTB. shp）为基础数据，参照转绘后的土地利用现状图，将基本农田保护片（块）以外的图斑删除掉，对保护片（块）与地类图斑形状不一致的，通过删线、加线的方法实现。

第一步，通过面转线功能（ArcToolbox 下 Data Management Tools 下的 Features 下的 Polygon To Line）将面文件 DLTB. shp 转换成线文件 DLTBL. shp，并新建线文件 ADD. shp，将其加载进来。

第二步，以转绘后的土地利用现状图为底图，对面文件 DLTB. shp 文件进行删区处理，保留基本农田保护片（块）界线以内的图斑即可。对保护片（块）与地类图斑界线不一致的，在线文件 ADD. shp 中添加新线来连接 2 个不相邻的图斑。对道路两旁涉及预留地的图斑，可以用分割区的方法删除不需要的部分（面文件 DLTB. shp 处于编辑状态，Task 下的 Modify Tasks 下的 Cut Polygon Features）。

第三步，通过属性查询模块的条件语句查询"面积! ＝""""的图斑，将其转换为线文件，并与线文件 ADD. shp 合并生成线文件 JBNTBHPK. shp，对其进行拓扑处理和条件合并后得到最终的基本农田保护片（块）（面文件 JBNTBHPK. shp）。

最后，在数据库中对面文件 JBNTBHPK. shp 进行数据加工提取基本农田图斑，根据条件检索查询地类编码不属于耕地（011，012，013）、园地（021，022）的图斑，将其删除，即可得到基本农田图斑（面文件 JBNTBHTB. shp）。

（二）提取边界线法

简单地说就是获取基本农田保护片（块）的最外围界线，从而得到基本农田保护片（块）和基本农田图斑。其提取方法为：

第一步，将面文件 DLTB. shp 转换成线文件 DLTBL. shp（操作方法同上），通过打断线功能使其在节点处断开。参照转绘后的土地利用现状图，以地类图斑界线为基本农田保护片（块）的最外围界线，并将其手动连接成一条封闭的线，当地类图斑界线与底图界线的形状不一致时，通过编辑线使之与底图界线保持一致。

第二步，新建基本农田片（块）界线（线文件 JBNTPKJX. shp）。基本农田保护片（块）是由多个封闭的界线组成，因此将这些封闭的界线复制到线文件 JBNTP-KJX. shp 中。

第三步，将基本农田片（块）界线进行拓扑生成面处理，即得到基本农田保护片（块）（面文件 JBNTBHPK. shp）。基本农田图斑的提取方法与删除图斑中的提取方法一致。

（三）提取图斑法

这种方法与上述两种方法的思路有较大差异，其是先提取基本农田图斑，然后形成基本农田保护片（块）。

第一步是给地类图斑面文件 DLTB. shp 添加基本农田的属性结构，参照转绘后的土地利用现状图，给基本农田保护片（块）内的所有图斑都进行属性赋值 J。

第二步是新建线文件 ADD. shp，通过加线使地类图斑界线与基本农田保护片（块）的界线保持一致；对道路两旁涉及预留地的图斑，可以用分割区的方法删除不需要的部分。

第三步是用 SQL 方式提取属性赋值为 J 的图斑，即为基本农田图斑（面文件 JBNTBHTB. shp）。然后将其转换成线，再与线文件 ADD. shp 文件合并，对合并后的线文件进行拓扑处理，即得到基本农田保护片（块）（面文件 JBNTBHPK. shp）。

◆ 第三节　适用范围

一、适用范围

采用判读转绘法，需要具备以下资料：

（一）图件资料（纸质或电子形式）

1. 县（乡、镇）土地利用总体规划图。

2. 基本农田保护区（片）图。

（1）县级基本农田保护区图（1：10 000～1：100 000）。

（2）乡（镇）级基本农田保护区（片）图（1：5 000～1：25 000）。

3. 基本农田划定图件。

4. 基本农田调整图件。

（二）文档资料

1. 县（乡、镇）土地利用总体规划总体报告。

2. 县（乡、镇）基本农田保护区（片）专题报告。

3. 基本农田划定档案。

（1）基本农田保护面积汇总表。

（2）基本农田保护地块登记表。

（3）一般农田地块登记表。

（4）基本农田保护区规划修正对照表。

（5）签订到村或农户的基本农田保护责任书等。

4. 基本农田调整档案。

（1）规划实施以来乡（镇）规划调整涉及基本农田调整的图件、调整方案及相应市级以上人民政府同意调整的批文。

（2）规划实施以来经省级以上人民政府批准的集体土地征用、征收，集体农用地转为国有所涉及基本农田调整的图件、调整方案及相应批文。

（3）规划实施以来历次土地市场清理整顿、土地违法用地处理，经省级以上人民政府批准同意占用涉及基本农田调整的图件、调整方案及相应批文。

（4）灾毁耕地经省级以上人民政府确认，涉及基本农田调整的图件及确认批文。

（5）其他与基本农田调整相关图件，资料及经原规划审批机关批准或省级以上人民政府批准调整的文件。

5. 其他相关资料及档案。

（1）建设用地占用基本农田项目的报批材料及批准文件。

（2）基本农田保护区土地利用统计台账。

（3）基本农田保护区土地利用年度变更资料。

（4）历次基本农田检查形成的相关文字、图件资料等。

二、优缺点

判读转绘法的优点在于比基于纸图时的判读转绘法简易、直观，方便作业人员操作及国土资源管理部门检查认定。

该方法缺点是虽然基于屏幕时的判读转绘法过程简单，但要求作业人员熟悉土地调查、规划等专业知识，并且涉及的图斑数量大，工作流程时间长，在实际操作中易漏图斑、易出错，后期检查工作量大。

◆ 第四节　应用实例

一、桦川县概况

桦川县（见图2）位于黑龙江省东部，三江平原腹地，松花江下游南岸，东经130°16′～131°34′，北纬46°37′～47°14′。东与富锦市相邻，西与佳木斯市接壤，南与

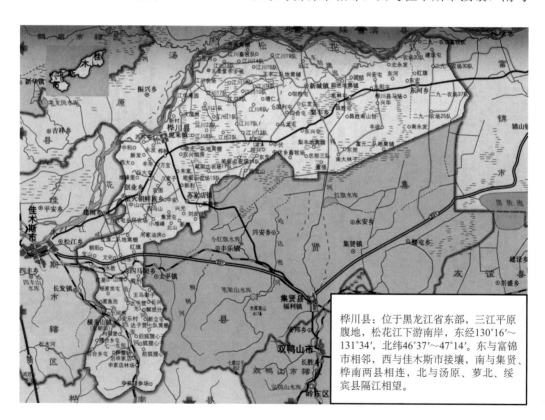

桦川县：位于黑龙江省东部，三江平原腹地，松花江下游南岸，东经130°16′～131°34′，北纬46°37′～47°14′。东与富锦市相邻，西与佳木斯市接壤，南与集贤、桦南两县相连，北与汤原、萝北、绥宾县隔江相望。

图2　桦川县行政区划图

集贤、桦南两县相连，北与汤原、萝北、绥宾县隔江相望。桦川县土地总面积为222 811.33公顷，其中国有土地102 101.73公顷，占总面积的45.8%；集体土地120 709.60公顷，占总土地面积的54.2%；其中县属面积174 383.92公顷，占辖区总面积的78.2%；省属农垦国营农场面积48 427.41公顷，占辖区总面积的21.2%。全县耕地156 561.08公顷，占总面积的70.3%；园地399.77公顷，占总面积的0.2%；林地21 681.51公顷，占总面积的9.7%；草地1 153.40公顷，占总面积的0.5%；城镇村及工矿用地7 268.95公顷，占总面积的3.3%；交通运输用地4 648.26公顷，占总面积的2.1%；水域及水利设施用地30 620.45公顷，占总面积的13.7%；其他土地477.91公顷，占总面积的0.2%。共辖9个乡镇，105个行政村，161个自然屯，6个国营农、林、牧场。全县人口22万人，有汉、满、朝鲜、赫哲等民族，总户数达64 000户，农户37 690户，农业人口145 760人。全县地势西南高，东北低，山地少，平原广，一般海拔60~70米。桦川年平均气温2.5 ℃，1月平均气温-24.4 ℃，7月平均气温22.5 ℃，年降水量476毫米，无霜期133天。

二、已收集到的基础资料

（一）桦川县土地利用总体规划文本及说明。

（二）桦川县县级、乡级基本农田规划图。

（三）桦川县基本农田面积汇总表、基本农田地块台账等。

（四）桦川县基本农田补划、调整资料及相应批准文件。

（五）桦川县基本农田保护、检查等其他相关资料。

将收集的资料进行整理，符合要求的作为调查工作基础资料，资料不符合要求的，由规划、耕地保护部门进行完善后作为调查基础资料。

三、桦川县基本农田调查总体技术流程

基本农田调查总体技术流程见图3。

四、桦川县基本农田调查的上图技术方法

（一）通过手工转绘片（块）界线或数据库中描绘保护片（块）界线等手段将基本农田描绘在土地利用现状图上。

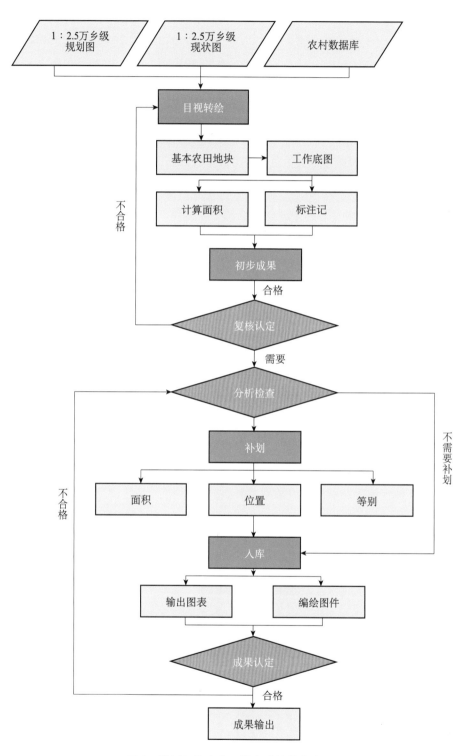

图 3　桦川县基本农田调查总体技术流程

（二）基本农田图斑界线确定：通过比较规划图和现状图，来确定基本农田图斑界线（见图4）。看看基本农田保护片（块）界线是否分割地类图斑，如果分割了，那就判读转绘基本农田保护片（块）界线；如果没有分割，则提取土地利用数据库中地类图斑界线（见图5）。

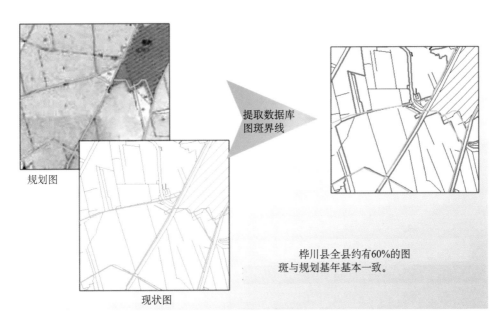

图 4　提取数据库图斑界线

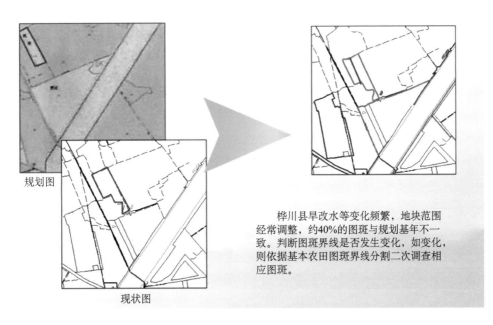

图 5　判读转绘基本农田保护片（块）界线

（三）基本农田保护片（块）界线是否分割地类图斑。

1. 分割情况

提取土地利用数据库中地类图斑界线（见图6）。

图6　基本农田保护片（块）界线分割地类图斑

2. 重合情况

判读转绘基本农田保护片（块）界线（见图7）。

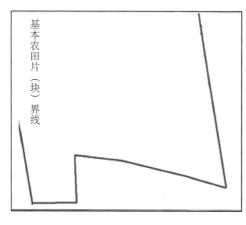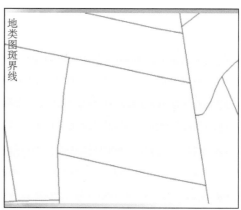

图7　基本农田保护片（块）界线未分割地类图斑

（四）形成桦川县基本农田保护片（块）层数据。

（五）拓扑错误检查，修改所有错误。

（六）将正确的桦川县基本农田保护片（块）层数据入库。

五、成果分析

（一）据第二次土地调查基本农田调查统计，全县基本农田上图面积为110 863.24公顷，其中县属基本农田面积为 89 273.26 公顷，其中水田面积 34 273.70 公顷，占基本农田面积的 38.39%；水浇地 13.30 公顷，占基本农田面积的 0.02%；旱地 54 986.26 公顷，占基本农田面积的 61.59%。

（二）由于数据库软件统计面积时不是按权属单位统计，而是按土地的坐落来进行统计面积，因此，在这次基本农田调查中有的飞地面积没有统计到飞地所属（权属）的乡镇面积之内，而统计在飞地所在的乡镇面积之内。比如创业乡拉拉街村土地飞入到东河乡境内，其基本农田面积统计在东河乡基本农田面积之内有 307.90 公顷，悦来镇苏苏村土地在梨丰乡境内有 495.00 公顷基本农田。

桦川县农垦系统江川农场范围内有悦来镇万里河村、腰林子村飞地，由于数据库软件原因把上述两个村的飞地面积统计在农垦面积之内为 1 199.90 公顷，为了便于管理和掌握基本农田，对统计在农垦范围内的飞地基本农田面积统计到了上述两个村的面积之内。

基本农田上图时发现有些农田已不具备基本农田条件，有些基本农田分布在城镇周围，限制了当地经济发展。此次调查，对基本农田位置进行部分调整，使之布局更加合理。

第五章

扫描矢量化套合法

◆ 第一节　基本原理

一、理论基础

矢量化是重要的地理数据获取方式之一。所谓矢量化，就是把栅格数据转换成矢量数据的处理过程。当纸质图件通过计算机图形、图像系统光电转换量化为点阵数字图像，经图像处理和曲线矢量化，或者直接进行手扶跟踪数字化后，生成可以为地理信息系统显示、修改、标注、漫游、计算、管理和打印的矢量图数据文件，这种与纸质图相对应的计算机数据文件称为矢量图。矢量图的基本要素是点、线、面。

由于原图件保存不善导致发生相应的畸变，产生畸变的图像给定量分析及位置配准造成困难，所以扫描得到的图件也会不标准，矢量化得出的位置、范围、面积也会不准确，因此需进行较为精确的几何校正。几何校正是指消除或改正图像几何误差的过程。几何校正的基本思路是：校正前的图像看起来是由行列整齐的等间距像元点组成的，但实际上，由于某种几何畸变，图像中像元点间所对应的地面距离并不相等；校正后的图像亦是由等间距的网格点组成，且以地面为标准，符合某种投影的均匀分布，图像中格网的交点可以看作是像元的中心。几何校正的最终目的是确定校正后图像的行列数值，然后找到新图像中每一像元的亮度值。

二、基本原理

扫描矢量化套合法就是先将纸质的基本农田划定、补划、调整图件进行扫描，形成电子图件，存于计算机内，然后通过某种矢量化方法将其矢量化，再将矢量化结果与数据库中的土地利用地类图斑层套合，把基本农田保护片（块）界线落实到土地利用现状图上，确定基本农田位置、范围、地类的方法。

◆ 第二节 操作方法与流程

一、操作步骤

（一）将收集到的乡级基本农田划定图件进行扫描，输入计算机中。

（二）以二次土地调查的土地利用现状图为基础，对扫描的乡级基本农田保护片（块）图件进行几何纠正。

（三）对扫描纠正图件上的基本农田保护片（块）界线逐一进行矢量化。

（四）有合法基本农田补划、调整图件的，对图件进行扫描纠正，对补划、调整界线逐一进行矢量化。

（五）将扫描矢量化后的基本农田保护片（块）划定、补划、调整界线与数据库中地类图斑层套合，标绘在土地利用现状图上，确定基本农田保护片（块）界线。

（六）在矢量化时，按照基本农田要素属性结构表要求，逐一对基本农田保护片（块）输入属性数据，或利用数据库软件集中录入属性数据后，通过关键字段连接到图形上。

（七）对基本农田保护片（块）层数据进行拓扑错误检查，对不满足拓扑要求的进行修改。

（八）将正确的基本农田保护片（块）层数据入库。

扫描、纠正、矢量化等相关的矢量数据采集方法和精度要求，执行第二次全国土地调查相关技术规范。

二、技术流程

扫描矢量化套合法技术流程如图 8 所示。

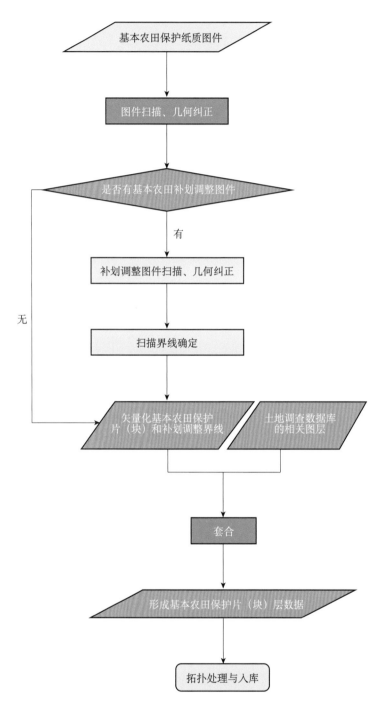

图 8　扫描矢量化套合法技术流程

◆ 第三节　适用范围

一、适用范围

当收集到的资料（与第四章第三节中涉及到的资料一样，除相关电子图件外）没有电子图件，只有相关纸质图件的，并且基本农田图件质量较好、与基本农田有关的地块变化不大、作业队伍熟悉土地管理相关业务的，可以采取此方法。

二、优缺点

扫描矢量化套合法的优点在于该方法专业性强，适用范围广，精度高；但缺点就是该方法工作量大。

◆ 第四节　应用实例

一、绥化市北林区概况

绥化市北林区（见图 9）位于松嫩平原东部，小兴安岭余脉边缘的呼兰河中游平原，地理位置为东经 126°25′～127°23′，北纬 46°19′～47°09′，北林区辖区面积 2 753.60平方千米，绥化市北林区涉及 1∶10 000 比例尺标准图幅 164 幅。其中耕地 216 318.20 公顷、园地 92.00 公顷、林地 12 347.06 公顷、草地 2 877.96 公顷、城镇村及工矿用地 18 989.36 公顷、交通运输用地 6 990.63 公顷、水域及水利设施用地 17 221.10公顷、其他土地 523.40 公顷。农业种植以水稻、玉米、大豆为主，水稻、玉米、大豆的总产量每年都分别在 30 万吨、40 万吨和 8 万吨左右，养殖业多年来始终保持十万头肉牛、百万头生猪、千万只家禽的饲养规模。区域内矿产丰富，动植物繁多，历来被誉为"鱼米之乡"，一直是国家重要的商品粮、商品鱼、优质烤烟、生猪和肉牛的生产基地。

北林区 1997 年编制土地利用总体规划时，基本农田规划文本面积为 165 466.70 公顷。

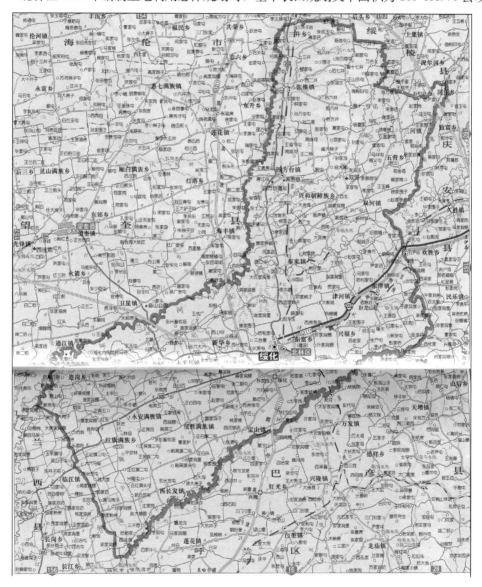

图 9　绥化市北林区行政区划图

二、已收集到的基础资料

（一）北林区土地利用总体规划文本及说明。

（二）北林区基本农田规划图件，县级、乡级基本农田规划图。

（三）北林区基本农田面积汇总表，基本农田地块台账等。

（四）北林区基本农田补划、调整资料及相应批准文件。

（五）基本农田保护、检查等其他相关资料。

将收集的资料进行整理，符合要求的作为调查工作基础资料，资料不符合要求的，由规划、耕地保护部门进行完善后作为调查基础资料。

三、绥化市北林区基本农田调查总体技术流程

基本农用调查总体技术流程如图 10 所示。

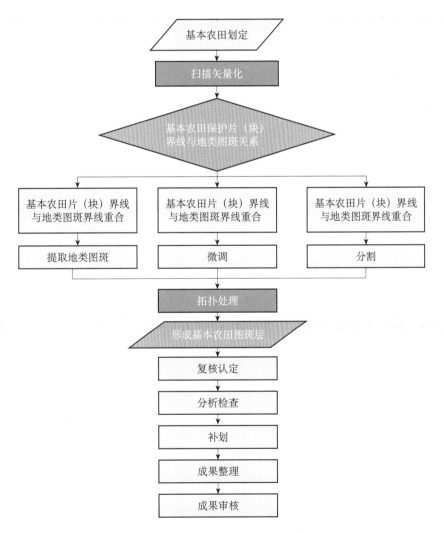

图 10　绥化市北林区基本农田调查总体技术流程

四、绥化市北林区基本农田调查的上图技术方法

（一）对绥化市北林区基本农田相关划定图件进行扫描。

（二）以土地利用现状图为基础，对扫描的基本农田保护片（块）图件进行几何纠正，在 ArcGIS 9.3 软件里所用到的模块如图 11 和图 12 所示。

图 11　ArcGIS 软件中几何校正模块

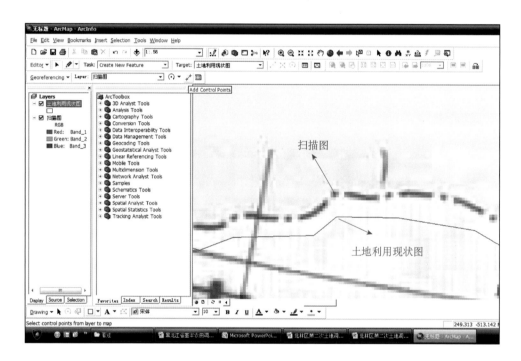

图 12　ArcGIS 软件中几何校正示意图

（三）对纠正后的图件上基本农田保护片（块）界线逐一进行矢量化（见图 13），矢量化结果如图 14 所示。

（四）在矢量化时，按照基本农田要素属性结构表要求，逐一对基本农田保护片（块）输入属性数据，或利用数据库软件集中录入属性数据后，通过关键字段连接到图形上。

（五）将扫描矢量化后的基本农田保护片（块）划定、补划、调整界线与数据库中地类图斑层套合，标绘在土地利用现状图上，确定基本农田保护片（块）界线。

（六）形成绥化市北林区基本农田保护片（块）层数据。

图 13　绥化市北林区基本农田图件样区（局部）

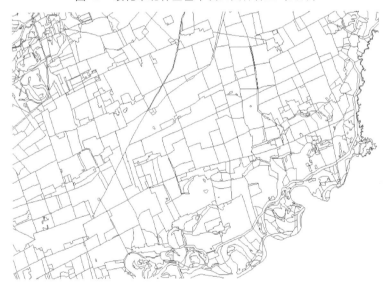

图 14　绥化市北林区基本农田图件样区矢量化结果（局部）

（七）对基本农田保护片（块）层数据进行拓扑处理，对不满足拓扑要求的进行修改。

（八）将最后正确的基本农田保护片（块）层数据入库。

五、成果分析

（一）北林区基本农田保护片总面积为 180 214.36 公顷，其中耕地面积165 466.26公顷、园地面积 20.52 公顷、林地面积 5 094.23 公顷、草地面积 296.10 公顷、城镇村及工矿用地 1 549.19 公顷、交通运输用地 3 991.78 公顷、水域及水利设施用地 3 541.02 公顷、其他土地 255.26 公顷。耕地面积占保护片总面积的 91.82%，林地面积占保护片总面积的 2.83%，交通运输用地面积占保护片总面积的 2.22%，水域及水利设施用地占保护片总面积的 1.96%。由以上数据可以看出，北林区基本农田田林路布局合理，水利基础设施配套齐全，划定范围内耕地质量较高，有利于农业种植，是稳定的高产良田。

（二）北林区基本农田上图面积比划定数据面积少 1 873.30 公顷，主要原因如下：

1. 北林区历年来造林占用基本农田 751.00 公顷。

2. 北林区 1988 年一次详查结束后至 1997 年规划编制 9 年期间建设用地占用耕地中有 11.00 公顷在编制规划上图时划为基本农田保护区块。

3. 二次调查林影地（树冠投影增大）导致耕地面积减少近 96.00 公顷。

4. 耕地内路渠建设等农业结构调整导致基本农田面积减少 109.00 公顷。

5. 基本农田图件与文本不一致，图件面积少 906.30 公顷。

第六章

数据转换套合法

第一节　基本原理

一、理论基础

数据转换是指数据从一种形式转换成另一种形式的过程。由于原始基本农田的电子形式数据都是"北京54坐标系"下的，而二次调查的成果是基于"西安80坐标系"的，因此采用数据转换方法采集时，需要进行坐标转换，再与数据库中的土地利用地类图斑层套合，建立基本农田数据库，在土地利用现状数据库里面落实基本农田保护图斑。

"北京54坐标"为参心大地坐标系，是"苏联1942年坐标系"的延伸，采用克拉索夫斯基椭球的两个几何参数，大地原点在苏联的普尔科沃，高程基准为1956年青岛验潮站求出的黄海平均海水面。

"西安80坐标系"是采用地球椭球基本参数为1975年国际大地测量与地球物理联合会第十六届大会推荐的数据。该坐标系的大地原点设在我国中部的陕西省泾阳县永乐镇，位于西安市西北方向约60千米，故称"1980年西安坐标系"，又简称"西安大地原点"。基准面采用青岛大港验潮站1952—1979年确定的黄海平均海水面（即1985国家高程基准），比黄海平均海水面高29毫米。

地图投影是利用一定数学法则把地球表面的经、纬线转换到平面上的理论和方法。它所依据的基准面（原面）是地球的数学面（表面），应把地球椭球面作为投影的原面；将地球表面的点、线、面描写即投影于其上的承受面，叫做投影面。地图投影的原理，是在原面与投影面之间建立点、线、面的一一对应关系。一方面，没有数学基础的地图，不能称作现代地图，因为它失去了地图的严密科学性和当代实用价值。从这种没有数学基础的地图上，是不可能获得正确的方位、距离、面积等数据以及各种要素的空间关系和形状。另一方面，地球表面上的制图区域是椭球面（或球面）的，要将其强制展成平面是不可能的。为了解决地图平面与地球曲面间的这对矛盾，必须经过地图投影才行。

二、基本原理

数据转换套合法就是指将基本农田划定、补划、调整资料等电子图件，通过数据转换，与数据库中地类图斑层套合，将基本农田保护片（块）界线落实到数据库中的土地利用现状图上，确定基本农田位置、范围、地类的方法。

◆ 第二节 操作方法与流程

一、操作步骤

（一）根据数据库建设相关要求，对数据格式、数学基础等进行检查，对不一致的进行转换。

（二）将电子图件进行投影转换与几何校正等纠正，然后与数据库中的土地利用地类图斑层套合。

（三）按照基本农田要素属性结构表要求录入基本农田保护片（块）的属性。

（四）对基本农田保护片（块）层数据进行拓扑错误处理，对不满足拓扑要求的进行修改。

（五）将正确的基本农田保护片（块）层数据入库。

二、技术流程

数据转换套合法技术流程如图 15 所示。

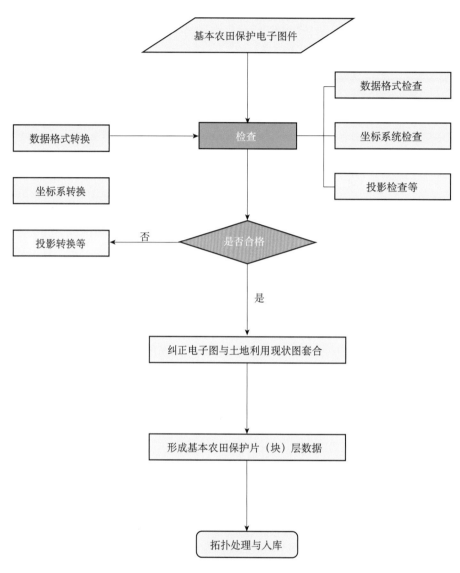

图 15　数据转换套合法技术流程

◆ 第三节　适用范围

一、适用范围

已经建立了基本农田数据库的，可以采取此方法。

二、优缺点

数据转换套合法的优点集中体现于已经有基本农田数据库，直接将基本农田数据库转换成标准数据库即可，所以减少很多前期工作，节省时间。缺点在于，经过转换后的数据精度受到原始数据质量的影响较深。

◆ 第四节　应用实例

一、双城市概况

双城市位于黑龙江省西南部，松嫩平原中部，处在省会哈尔滨市区西南30千米。地理坐标为东经$125°41'\sim126°42'$，北纬$45°08'\sim45°43'$。东、东南与阿城、五常接壤；南、西以拉林河为界，与吉林省的榆树、扶余为邻；西北、北隔松花江与肇源、肇东相望；东北紧靠哈尔滨市区。东西长85千米，南北宽65千米，全境总面积31.08万公顷，其中土地面积28.43万公顷，占全境面积的91.5%；水域面积2.65万公顷，占总面积的8.5%。双城市行政区划见图16。

1988年撤县设市。地处松嫩平原东南部，地势东高西低。松花江流经本市北部，拉林河。年均气温3.5℃，年降水量479毫米。农业发达，粮食作物以玉米、谷子、麦为主；经济作物有甜菜、亚麻、向日葵等，甜菜播种面积居全省第二。松花江出产鲤鱼、鲫鱼。工业以酿酒、乳制品、洗涤剂等行业为主。

图 16　双城市行政区划图

双城市属中温带大陆性季风气候，年降水量为 410～520 毫米，多集中于 6—9 四个月，全年平均气温为 2.0～5.3℃，初霜期多出现在 9 月下旬，终霜期多出现在 5 月上中旬，全市无霜期为 132～144 天。双城市辖 9 镇 15 乡 1 个社区 246 个行政村，总人口 81.8 万人，其中非农业人口 20 万人，比第一次土地调查时的 70.3 万人增加了 11.5 万人，全市人均占有耕地 0.29 公顷，比 1988 年第一次土地调查时人均占有耕地 0.32 公顷减少了 0.03 公顷，但耕地总量比 1988 年增加了 0.96 万公顷。

二、已收集到的基础资料

通过收集整理，共收集到以下 6 个方面的资料：

（一）《双城市 1997—2010 年规划文本》。

（二）基本农田地块台账。

（三）基本农田保护区图。

（四）1997 年以来规划调整材料和基本农田数据库。

（五）生态退耕资料。

（六）1998 年灾毁资料。

三、双城市基本农田调查总体技术流程

基本农田调查总体技术流程如图 17 所示。

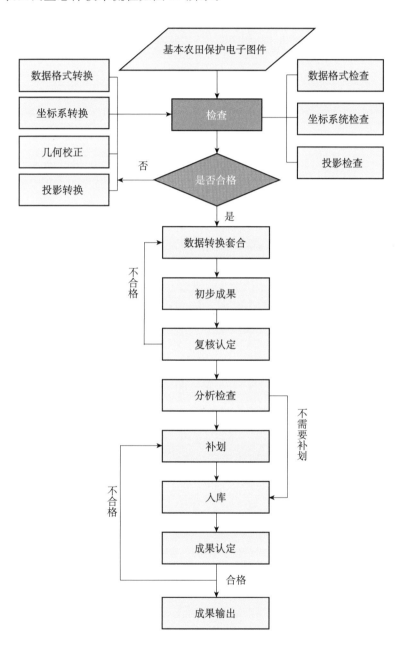

图 17 双城市基本农田调查总体技术流程

四、双城市基本农田调查的上图技术方法

（一）对双城市基本农田数据库进行数据格式、坐标系统、投影转换和几何校正等检查。如果合格，进行数据转换套合；如果不合格，则需要进行相应修改，在Arc-GIS中具体操作如下：

数据格式转换：如果是MapGIS格式的，则在MapGIS里面转成.shp格式。

坐标系统转换/投影转换：ArcToolboxs下的Data Management Tools下的Projections and Transformations的Feature下的Project或Create Spatial Reference或Define Projection。

（二）如果上一步检查合格或修改正确后，进行数据转换套合，即将合格的基本农田数据库与土地利用现状图套合，确定基本农田保护片（块）界线。

（三）形成双城市基本农田保护片（块）层数据，见图18。

基本农田

图 18　双城市基本农田分布图

（四）对基本农田保护片（块）层数据进行拓扑错误处理，对不满足拓扑要求的进行修改。

（五）将基本农田保护片（块）层数据入库。

五、成果分析

（一）双城市按照《黑龙江省基本农田保护条例》的规定，全市共划定基本农田196 300.38公顷，其中双城镇8 121.71公顷，占全市基本农田的4.13%；兰棱镇9 502.16公顷，占全市基本农田的4.84%，周家镇6 264.44公顷，占全市基本农田的3.19%；五家镇7 779.40公顷，占全市基本农田的3.96%；韩甸镇11 922.93公顷，占全市基本农田的6.07%；单城镇8 130.45公顷，占全市基本农田的4.14%；东官镇6 871.10公顷，占全市基本农田的3.5%；农丰镇8 328.90公顷，占全市基本农田的4.24%；杏山镇10 005.75公顷，占全市基本农田的5.09%；朝阳乡12 344.14公顷，占全市基本农田的6.28%；金城乡8 563.02公顷，占全市基本农田的4.36%；青岭乡7 201.66公顷，占全市基本农田的3.66%；联兴乡6 723.80公顷，占全市基本农田的3.42%；幸福乡6 173.33公顷，占全市基本农田的3.14%；新兴乡4 063.61公顷，占全市基本农田的2.07%；公正乡8 279.68公顷，占全市基本农田的4.21%；永胜乡5 478.73公顷，占全市基本农田的2.79%；临江乡5 359.52公顷，占全市基本农田的2.73%；水泉乡8 559.37公顷，占全市基本农田的4.36%，乐群乡7 087.88公顷，占全市基本农田的3.61%；团结乡12 035.27公顷，占全市基本农田的6.13%；万隆乡12 828.08公顷，占全市基本农田的6.53%；希勤乡7 949.46公顷，占全市基本农田的4.04%；同心乡6 720.93公顷，占全市基本农田的3.42%。从基本农田分布来看，西部乡镇基本农田面积占全市基本农田的62.42%，从而看出双城的高产、丰产耕地大部分处于双城西部。从基本农田的地类分布来看，水田10 936.13公顷，占基本农田的5.57%；水浇地179.66公顷，占基本农田的0.09%；旱地185 184.59公顷，占基本农田的94.33%，说明双城的基本农田基本上是旱地。

双城市基本农田上图后统计出双城市基本农田总量为191 462.20公顷，与双城市基本农田保护数196 300.00公顷相差4 837.80公顷。

（二）由于基本农田上图后，比基本农田保护数缺少4 837.80公顷，经双城市国土资源局规划股、耕保股等基本农田划定部门和黑龙江北斗公司共同对输出的双城市基本农田保护图件及数据与《双城市土地利用总体规划（1997—2010）》文本及相关调整资料中的基本农田位置、界线、保护数量、范围及分布进行比对分析，认定双城市基本农田保护数缺少4 837.80公顷的主要原因有两点：

1. 由于双城是省二调试点单位，建库时间较早，黑龙江北斗公司在将外业调查成果矢量化时，按当时的规定，在保持林带宽度不变的情况下，将树冠投影下的农路移位到林带外，也就等于在原来线状地物的基础上又增加了一条农路，在地块毛面积不变的情况下，使调查地块中的耕地净面积减少，2009年10月《黑龙江省第二次土地调查农村部分技术补充规定》出台后，也没更改，导致在基本农田保护片界线和保护地块不变的情况下，基本农田保护面积减少。因此由黑龙江北斗测绘公司负责更改数据库，全面删除林带外侧后加的农路。

2. 这次基本农田上图入库是按照1997年规划做的，当时做土地利用总体规划使用的是1988年详查图纸，虽然进行了变更调查，但双城市在1996年全国统一始点变更时，距离双城市第一次详查时间太远，有7.90万亩需要变更；由于变更量太大，有6.00万亩变更未通过被返回，以后虽然通过每年变更补调了一些，但还有大部分未变更，特别是农用地变更这一块，因此造成图斑的耕地面积比实地面积大。这次通过二调，使每块图斑的耕地面积与实地面积相符，因此造成在基本农田保护片区不变的情况下，保护数据不足。同时，1996年到现在，林带的树冠也有所增加，也导致扣除面积加大，耕地净面积减少，基本农田面积也相应减少。

第七章

基本农田调查上图技术
难点及其解决对策

◆ 第一节　基本农田调查上图技术难点

基本农田落实上图，就是将核实后的基本农田保护地块落实至土地利用现状图上，反映出行政区域内基本农田的分布状况。基于上述 3 种调查相关理论与技术方法可知，采用 GIS 技术对已有基本农田规划图等图件进行处理时，需要特别注意以下技术问题：

一、扫描图件几何校正的精度问题

由于各地上一轮土地利用规划的基本农田相关图等纸质图件大多保存不善，导致褶皱或收缩等一些变形，扫描后得到的图件都多有变形，因此需要对这扫描后的电子图件进行几何校正。几何校正时我们需要选一些控制点，但是控制点个数的多少与分布都会影响到校正的精度。

二、矢量图层套合问题

当两个图层进行空间叠加并套合时，需要注意以下问题：

（一）如果基本农田保护片（块）和补划调整界线与土地调查数据库相关图层的基本农田界线不能完全重合的话，那么在拓扑错误检查时会出现很多错误，需要修改和完善的工作量较大。

（二）当二次土地调查中土地利用现状图的单个土地利用图斑对应于原土地利用现状图或规划图上的多个图斑时，则需要对原有图斑及现状土地利用图斑是否是基本农田进行重新核实。

（三）当原土地利用现状图或规划图上的单个基本农田图斑对应于二次土地调查土地利用现状图的多个图斑时，则需要对二次土地调查现状土地利用图斑是否是耕地或基本农田进行重新核实。

三、基本农田调整问题

在上一轮规划之后，各地的基本农田均或多或少都存在空间调整问题，即原有基本农田规划图已经难以反映现在基本农田分布情况。因此在开展基本农田上图时，需要特别注意调入与调出基本农田状况，确保本次基本农田调查的准确性。

◆ 第二节　相应解决对策

一、几何校正精度提高

从理论上讲被选择的控制点的数目应越多越好，但选择得太多会使几何校正的工作量太大，相反选择得太少又达不到几何校正所需的精度。这时要看扫描图件的变形程度，如果变形程度较大就多选些控制点，如果变形程度较小则不用选太多控制点。按照实践经验，对几何畸变程度较小的原始图件来说，被选择的控制点的数目可以少一些，通常 15 个左右；对几何畸变程度较大的原始图件来说，被选择的控制点的数目可以多一些，通常要在 30 个左右。在同一幅原始图件中，不同的区域其几何畸变的程度也不同。原则上也是几何畸变较大的区域被选择的控制点的数目多一些；而几何畸变较小的区域被选择的控制点的数目少一些。另外在选取控制点时，每幅原始图件的中心区域应少选一些，四周区域应多选一些，因为中心区域的几何畸变要比四周区域的几何畸变小。但是控制点应尽量地均匀分布，尤其是在几何畸变程度相近的同一区域要均匀地分布。这样所获得的校正结果其精度才能满足要求，并且整体性也好。

二、关于套合问题的解决方法

在套合前，尽量提高几何校正的精度，使基本农田图斑层的界限尽量与土地利用现状数据库的图斑界限相吻合。在进行套合时，如果基本农田片（块）图斑界限与地类图斑界限重合时，直接提取地类图斑界限为基本农田片（块）图斑界限；如果基本农田片（块）图斑界限与地类图斑界限基本一致，但还是有偏差时，就对基本农田片（块）界限进行微调；如果基本农田片（块）图斑界限与地类图斑界限明显不一致时，则对地类图斑界限进行分割处理。

三、图斑合并时对应的属性变化问题的解决

在 ArcGIS 9.3 中，进行图斑合并前，先对这两个图斑进行了解，它们分别代表着什么地类，然后合并时，软件会自动提示将两个图斑归为那个图斑类。合并后，查看相关的资料，再对这个图斑的属性进行相应的修改。

四、图斑分割时对应的属性变化问题的解决

在 ArcGIS 9.3 中，将一个图斑分割成两个图斑前，先对这个图斑进行属性检查，看这个图斑代表的是什么地类，然后进行分割。分割后两个图斑的属性会和以前的图斑属性是一样的，这时要参照相关资料，确定好分割后的每一块图斑是什么地类，并给相应的图斑附上对应的属性。

五、基本农田补划问题的解决

在建立基本农田数据库之前，应该尽可能询问相关负责人是否需要补划地块。如果没有，可以直接进行数据处理与建库工作；如果有，应首先开展野外调查，确定需要补划地块的地理位置、面积等，然后将这些需要补划的区域与收集到的原相关图件一同进行数据处理与建库工作。另外，若基本农田数据库中的基本农田面积统计结果没有达到规划面积，首先分析减少的原因，并且确定从什么地方补划，然后需要从实地确定或根据土地利用现状图确定补划地块的边界，最后在基本农田片（块）图斑数据库中对这些地块进行相关处理，比如分割、合并、修改属性等操作。

第八章

基本农田调查上图数据处理与统计汇总

◆ 第一节 基本农田调查上图数据处理

黑龙江省共辖 13 个地级市，132 个县（区、市）。依据《第二次全国土地调查基本农田调查技术规程》《黑龙江省第二次土地调查基本农田调查技术补充规定》，结合各县（区、市）实际，应用第二次土地调查成果，以各县（区、市）所现有的和收集的资料为基础，利用合适的上图方法编制完成基本农田图斑层、基本农田保护片（块），生成基本农田保护区层，然后经修改、完善、补划后，作业单位按照相关技术建立基本农田数据库，编制标准分幅基本农田分布图、乡级基本农田分布图、县级基本农田分布图等相关图件，以基本农田保护片为单位汇总出基本农田调查汇总表。

其中，桦川县等 46 个县（区、市）依据所现有的和收集到的资料，利用判读转绘法进行基本农田上图处理和汇总；绥化市北林区等 68 个县（区、市）依据所现有的和收集到的资料，利用扫描矢量化套合法进行基本农田上图处理和汇总；双城市等 18 个县（区、市）依据所现有的和收集到的资料，利用数据转换套合法进行基本农田上图处理和汇总。

◆ 第二节 基本农田调查结果汇总流程

一、工作流程

围绕基本农田调查数据汇总的目标和工作任务，根据各地基本农田调查进展的实际情况，充分利用各种数据资料，开展基本农田调查数据汇总工作。总体工作流程如图 19 所示。

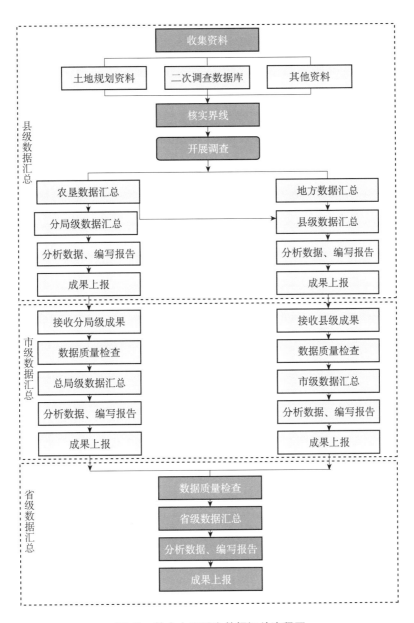

图 19 基本农田调查数据汇总流程图

二、县级基本农田调查数据汇总

县级单位接收到上级下达的基本农田调查任务后，首先开展基本农田调查前期准备工作，包括制定基本农田调查试点实施方案，成立基本农田调查工作小组，同时进行收集资料和业务培训。然后把调查工作任务分配到各乡镇国土所，由各所负责完成基本农田调查与统计的工作，按照《黑龙江省第二次土地调查基本农田调查工作方

案》的"作业流程"开展了调查工作，具体工作流程为：

（一）由市级国土局下达基本农田调查任务，并向县级单位提供业务培训。县级单位收集基础资料，包括1∶10 000比例尺的土地利用现状图和农村土地利用现状一级分类面积汇总表等。

（二）县级单位将基本农田调查任务和收集到的基础资料统一分发给各乡镇国土资源所。由各乡镇国土所根据本乡镇的基础资料与实际情况开展基本农田调查，然后选择合适的上图方法进行上图。

（三）县（市）级二调办对基本农田调查初步成果图和面积进行检查，然后将检查认定的基本农田调查初步成果图交给负责县（市）级二调的建库单位进行数据入库。建库单位完成基本农田建库、图件编制及面积统计工作，并输出1∶25 000比例尺的基本农田分布图和面积统计表交给县二调办。

（四）县（市）级基本农田调查工作小组根据建库单位提供的基本农田分布图和面积统计表，依据土地利用总体规划图、基本农田保护面积指标，对基本农田调查成果进行基本农田分布、面积、地类变化等情况的核实工作。并对存在的问题提出修改意见，由县（市）二调办按照基本农田调查工作小组提出的意见，对基本农田调查成果进行修改和完善。

（五）县（市）级国土局规划和耕保部门对修改完善的基本农田调查成果进行核对，对基本农田分布和面积达到要求的，将成果交给二调办，由县（市）级国土部门签字盖章后上报上级二调办。

三、农垦基本农田调查数据汇总

农垦分局接收到总局下达的基本农田调查任务后，首先开展基本农田调查前期准备工作，包括制定基本农田调查试点实施方案，成立基本农田调查工作小组，同时进行收集资料和业务培训。然后把调查工作任务分配到各农场，由各农场负责完成基本农田调查与统计的工作，按照《黑龙江省第二次土地调查基本农田调查工作方案》的"作业流程"开展调查工作，具体工作流程为：

（一）由农垦总局下达基本农田调查任务，并向分局单位提供业务培训。分局单位收集基础资料，包括1∶10 000比例尺的土地利用现状图和农村土地利用现状一级分类面积汇总表等。

（二）各分局将基本农田调查任务和收集到的基础资料统一分发给各农场。由各农场根据本农场的基础资料与实际情况开展基本农田调查，然后采用合适的上图方法上图。

（三）各分局二调办对基本农田调查初步成果图和面积进行检查，然后将检查认定的基本农田调查初步成果图交给负责分局二调的建库单位进行数据入库，建库单位完成基本农田建库、图件编制及面积统计工作，并输出 1∶25 000 比例尺的基本农田分布图和面积统计表交给分局二调办。

（四）农垦分局基本农田调查工作小组根据建库单位提供的基本农田分布图和面积统计表，依据土地利用总体规划图、基本农田保护面积指标，对基本农田调查成果进行基本农田分布、面积、地类变化等情况的核实工作，并对存在的问题提出修改意见，分局二调办按照基本农田调查工作小组提出的意见，对基本农田调查成果进行修改和完善。

（五）农垦分局二调办将调查结果给县（市）国土局一份，以便县市级国土局进行面积汇总，然后将基本农田调查结果递交给农垦总局。

四、地市级基本农田调查数据汇总

地市级二调办将县（市）级二调办和各农垦分局二调办呈交上来的县级基本农田调查结果（包括县市级基本农田数据库、基本农田汇总表和基本农田分布图件等）进行检查，并对存在的问题提出修改意见。县（市）级二调办和各农垦分局二调办对上级二调办提出的修改意见进行修改之后再提交给上级二调办，地市级二调办再检查，无需修改后验收。

地市级二调办把检查验收的县（市）级二调办呈交上来的县级和各农垦分局基本农田数据进行分别汇总，由地市级国土部门和总局签字盖章后上报给黑龙江省国土资源厅。

◆ 第三节　汇总结果及分析

一、基本农田总面积

据黑龙江省国土资源厅对基本农田的调查数据进行统计汇总，全省基本农田总面积为1 018.74万公顷，具体分布见表2。

表2　黑龙江省基本农田统计表

单位：万公顷

单位	总面积	水田	水浇地	旱地
黑龙江省	1 018.74	169.48	1.48	847.78
哈尔滨市	159.07	33.29	0.52	125.26
齐齐哈尔市	197.44	13.38	0.56	183.52
牡丹江市	51.26	4.18	0.11	46.97
佳木斯市	107.39	40.75	0.02	66.62
大庆市	54.54	4.15	0.04	50.35
鸡西市	61.82	27.84	0.02	33.96
鹤岗市	38.74	10.59	0.004	28.15
双鸭山市	70.67	16.12	0.06	54.49
七台河市	16.15	1.15	0.01	14.96
伊春市	12.59	2.92	0.01	9.66
绥化市	148.18	14.85	0.11	133.22
黑河市	98.53	0.26	0.01	98.26
大兴安岭地区	2.36	0	0	2.36

二、基本农田区域分布

黑龙江省基本农田总面积为1 018.74万公顷，主要集中在哈尔滨市、齐齐哈尔市、佳木斯市、绥化市和黑河市，这5个地区的基本农田面积共为710.61万公顷，占黑龙江省基本农田总面积的69.75％。其次分布在双鸭山市、鸡西市、大庆市和牡丹江市，这4个地区的基本农田面积共为238.29万公顷，占黑龙江省基本农田总面积的23.39％。分布最少的地区有鹤岗市、七台河市、伊春市和大兴安岭地区，这4个地区的基本农田面积共为69.84万公顷，占黑龙江省基本农田总面积的6.86％。具体分布见图20。整体而言，全省基本农田分布比较广泛，但主要分布在三江平原和松嫩平原。

三、基本农田类型与结构

黑龙江省基本农田包含3种类型：水田、水浇地和旱地。其中，水田总面积为169.48万公顷，占黑龙江省基本农田总面积的16.64％。就地貌而言，水田主要分布

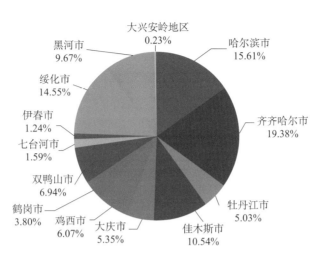

图20　黑龙江省基本农田分布比例图

在松花江、嫩江、牡丹江、穆棱河及其支流沿岸的低平地带，这些区域水资源丰富，发展水田的条件较好。就地区而言，主要集中在哈尔滨市、佳木斯市和鸡西市（见图21）。

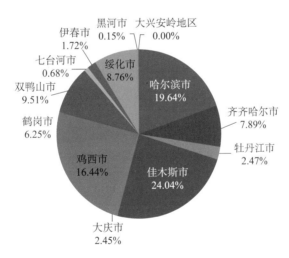

图21　黑龙江省基本农田中水田分布比例图

水浇地总面积为1.48万公顷，占黑龙江省基本农田总面积的0.15%。就地区而言，主要集中在哈尔滨市、齐齐哈尔市、牡丹江市、绥化市和双鸭山市（见图22）。

旱地总面积为847.78万公顷，占黑龙江省基本农田总面积的83.21%。就地区而言，主要集中在哈尔滨市、齐齐哈尔市、绥化市和黑河市，其次是佳木斯市、大庆市和双鸭山市，这几个地区的基本农田中的旱地总面积有711.72万公顷，占黑龙江省基本农田中旱地总面积的83.95%（见图23）。这些区域是黑龙江省重要的农业区，但农田水利设施条件差，农田大多无灌溉设施。

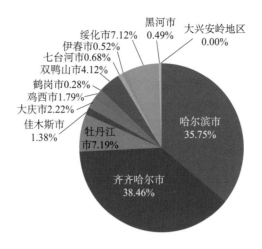

图 22　黑龙江省基本农田中水浇地分布比例图

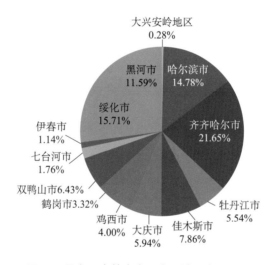

图 23　黑龙江省基本农田中旱地分布比例图

◆ 第四节　黑龙江省土地垦殖及耕地保护状况分析

一、黑龙江省土地垦殖状况分析

土地垦殖率又称为土地垦殖系数，是指一定区域内耕地面积占土地总面积的比例，是反映土地资源利用程度和结构的重要指标。黑龙江省的土地总面积为 45.26 万平方千米（不含松岭区、加格达奇区），耕地总面积为 1 594.89 万公顷，土地垦殖率为 35.24％（见图 24）。

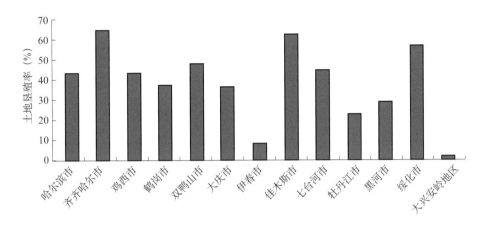

图 24 黑龙江省地级市土地垦殖率

就地区而言，齐齐哈尔市、哈尔滨市、佳木斯市、黑河市和绥化市的耕地面积较多。但从土地垦殖率上来看，佳木斯市垦殖率最高，大兴安岭地区垦殖率最低（见图 25）。究其原因，地形地貌条件对耕地垦殖具有决定性影响，地势平坦的三江平原及松嫩平原耕地广布，垦殖率较高；而地势起伏较大的山地、丘陵区耕地较少。另外，温度及降水条件对耕地分布具有重要影响，地形地貌条件相近的地区，温度越高、降水越多的区域耕地垦殖率越高，反之越低（详见表 3）。

表 3 黑龙江省各市土地垦殖率与耕地保护率对比表

行政区	耕地面积（公顷）	总面积（公顷）	土地垦殖率（％）	基本农田面积（公顷）	耕地保护率（％）
哈尔滨市	2 290 740.15	5 307 648.26	43.16	1 590 710.73	69.44
齐齐哈尔市	2 749 974.85	4 225 546.38	65.08	1 974 424.50	71.80
鸡西市	983 797.88	2 249 448.08	43.74	618 242.99	62.84
鹤岗市	551 550.13	1 466 500.98	37.61	387 412.65	70.24
双鸭山市	1 059 619.56	2 205 112.77	48.05	706 710.62	66.69
大庆市	782 278.46	2 120 481.72	36.89	545 416.78	69.72
伊春市	258 821.48	3 280 028.29	7.89	125 871.49	48.63
佳木斯市	2 042 733.42	3 246 998.25	62.91	1 073 910.34	52.57
七台河市	280 150.68	619 009.45	45.26	161 466.10	57.64
牡丹江市	884 628.07	3 882 719.37	22.78	512 649.78	57.95
黑河市	1 921 861.56	6 686 193.37	28.74	985 297.26	51.27
绥化市	1 998 021.20	3 487 312.49	57.29	1 481 755.65	74.16
大兴安岭地区	144 677.52	8 292 476.56	1.74	23 579.68	16.30

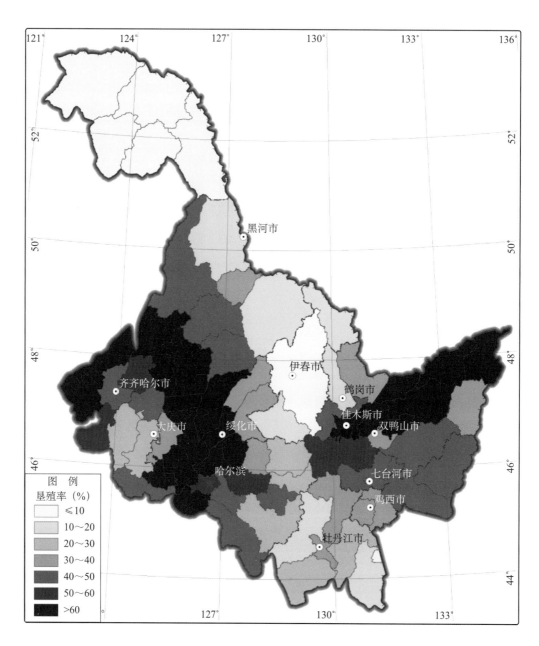

图 25　黑龙江省土地垦殖率分布图

二、黑龙江省耕地保护状况分析

耕地保护率是指区域内的基本农田中耕地面积占耕地总面积的比例。黑龙江省基本农田总面积为 1 018.74 万公顷，耕地保护率为 63.88％。

如图 26 所示，从耕地保护率上看，哈尔滨市、齐齐哈尔市、鸡西市、鹤岗市、双鸭山市、大庆市和绥化市的耕地保护率显然比其他几个地区高，都在 60％以上，其中绥化市的最高，达到 74.16%；最低的是大兴安岭地区，其耕地保护率低至 16.30%，二者相差 57.86%。出现这种状况的原因在于各地区自上一轮规划以来都大量地开垦新的耕地，导致耕地面积总量增加，在基本农田保护面积不变的情况下，耕地保护率必然降低。以大兴安岭地区为例，上一轮规划基期耕地面积为 5.35 万公顷，这次调查结果耕地面积为 14.47 万公顷，增加了 9.12 万公顷。

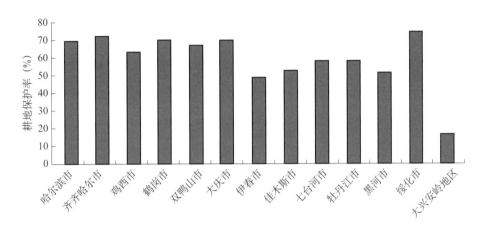

图 26　黑龙江省地级市耕地保护率

　　根据对各县（市、市辖区）基本农田汇总的结果可知（见图 27），耕地保护率大于 80% 的地区只有 10 个，分别是哈尔滨市的阿城区、呼兰区、巴彦县、双城市，齐齐哈尔市的依安县、拜泉县，大庆市的肇州县和绥化市的兰西县、青冈县和明水县。其中耕地保护率最高的是阿城区，约 85.37%。从黑龙江省行政区划来看，这几个区域主要分布在黑龙江省西部的几个市里；从黑龙江省地势来看，这几个区域主要分布在松嫩平原区域，地势相对较低。

　　耕地保护率低于 80% 并且大于 50% 的县市约占 60%，这部分地区主要分布在除了伊春市和大兴安岭地区以外的其他市。这两个地区的耕地保护率都在 50% 以下。这说明大部分县（市、市辖区）耕地总量都大幅增加，只有少量的县（市、市辖区）的耕地增加甚多，但基本农田数量几乎不变。从地势上看，耕地保护率最低的两个地区的县（市、市辖区）地势明显要高于其他市的县（市、市辖区），同时，这两个地区的县（市、市辖区）区域内林地占主要成分，耕地较少。而近些年由于大量的毁林开荒等增加耕地面积，所以大部分县（市、市辖区）特别是伊春市和大兴安岭地区的某些县（市、市辖区）和其他市的个别县（市、市辖区）耕地保护率有所下降。

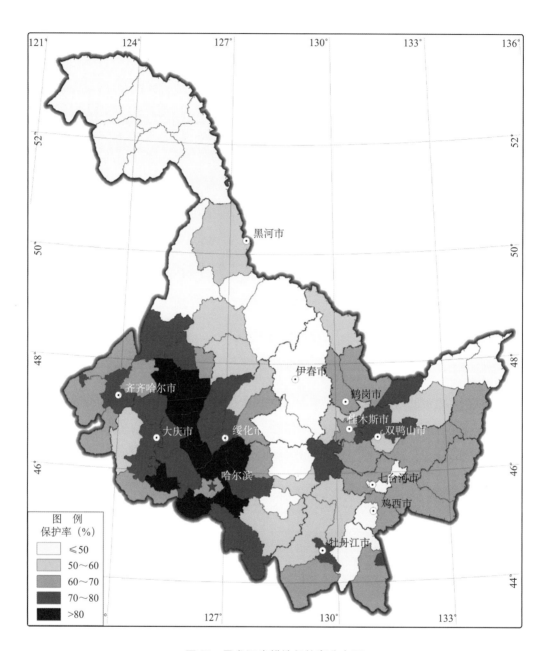

图 27　黑龙江省耕地保护率分布图

第九章

基本农田划定与保护情况分析

◆ 第一节　基本农田划定与调整情况

一、划定情况

黑龙江省土地利用总体规划（1997—2010 年）中全省规划 1996 年耕地总量为 1 183.44 万公顷，其中划入基本农田保护区的面积为 1 083.3 万公顷，占全省耕地面积的 91%（见表 4）。

表 4　黑龙江省基本农田控制指标表　　　　　单位：万公顷

项目 用地单位	1996 年 耕地面积	规划期间 基本农田保护面积	基本农田 保护率（%）
全省	1 183.44	1 083.32	91.5
哈尔滨市	181.28	166.78	92.0
齐齐哈尔市	223.75	209.08	93.4
牡丹江市	67.37	59.28	88.0
佳木斯市	123.05	113.21	92.0
大庆市	64.24	54.41	84.7
鸡西市	70.39	64.68	91.9
鹤岗市	44.23	39.01	88.2
双鸭山市	81.02	74.54	92.0
七台河市	19.77	17.79	90.0
伊春市	15.42	13.34	86.5
绥化市	174.28	162.11	93.0
黑河市	113.29	104.23	92.0
大兴安岭地区	5.35	4.86	90.8

同时，黑龙江省政府在对耕地实行全面保护的基础上，要将一些主要产粮市、县和国营农场划入全省重点农田保护区，对这些地区进一步强化农田保护措施，加大农

田改造和治理力度。全省重点农田保护区主要有：

1. 松嫩平原东部农田保护区。
2. 松嫩平原西部农田保护区。
3. 三江平原农田保护区。
4. 兴凯湖低平原农田保护区。
5. 穆棱河流域农田保护区。
6. 牡丹江流域农田保护区。
7. 蚂蚁河流域农田保护区。
8. 黑龙江沿岸农田保护区。

二、调整情况

1999 年，国务院和黑龙江省人民政府分别批准了黑龙江省 8 个 50 万以上人口城市及各市、县土地利用总体规划，明确了全省基本农田保护面积为 1 083.32 万公顷（省控数，包括加格达区和松岭区），实际国控数为 1 081.52 万公顷。在黑龙江省土地利用总体规划（1997—2010 年）实施过程中，由于黑龙江省有农垦、森工两大系统，历史上形成了相对独立的土地管理体制，因此，在基本农田保护区面积调整中，部分原因是省政府分别批准了市级和农垦系统的基本农田数，但各地市和农垦对本辖区内的基本农田都有各自统计数字，而且有所不同，有重也有漏，使准确划定基本农田有很大的困难。同时，国家对于森工系统实施特殊政策，森工系统同样开展土地利用总体规划，但他们强调"在施业区内的耕地"都属于"宜林地""熟化地""整备地"等，不予承认为耕地，导致基本农田面积不能被如实划定。另一方面，由于管理体制方面问题，"农、林、草"用地管理中不统一、不协调的问题比较突出。由于没有统一部门政策制定适宜的方法来确定基本农田保护率，客观上造成基本农田保护面积"虚划"现象存在。土地详查和土地规划都是单独进行后汇总到所在的市、县，客观上造成了漏划和重划基本农田现象的存在。

自党的十六大以来，为了加快社会主义经济建设步伐，党中央国务院做出了一系列重大决策，如提出建设小康社会的奋斗目标，出台了加快小城镇建设、发展乡镇企业、合乡并镇等一系列政策。为适应新形势下土地管理工作的需要，自 2001 年以来，根据国土资源部的工作部署，全省对部分乡级土地利用总体规划进行调整和修改，并依法办理了规划调整的审批手续。同时为了做好乡级规划调整，黑龙江省国土资源厅于 2001 年 5 月下发了《关于调整乡级土地利用总体规划有关问题的通知》，其中规定乡级规划调整范围主要是为了满足小城镇建设和乡镇发展需要，将规划的建设预留地和部分建设用地置换，乡级规划调整要保证做到规划的耕地总量不变，基本农田面积不减少。2004 年结合土地市场清理整顿工作，对全省基本农田保护区重新进行核实，最终经核查确定全省规划确定的基本农田面积由 1 083.32 万公顷调整为 1 014.60 万公顷。2001—2004 年，由省人民政府批准了绥芬河市土地利用总体规划修编。由哈尔滨、齐齐哈尔、牡丹江等市级人民政府批准，对全省 10 个市所辖的有关乡镇土地利用总体规划进行了调整和修改，共调整乡级规划 168 个，占全省合并前乡镇总数的 14.7%，涉及调整建设用地占用基本农田 180.10 公顷。

◆ 第二节　基本农田保护情况

　　耕地是农业生产的重要基础，是人类赖以生存的基本条件。我国耕地人均数量少，总体质量水平低，后备资源也不充足，做好耕地保护工作，对于巩固和发展农业生产，保持国民经济发展和社会稳定至关重要。特别是基本农田，为了对基本农田实行特殊保护，稳定耕地面积，根据《中华人民共和国农业法》《中华人民共和国土地管理法》和国务院《基本农田保护条例》的有关规定，结合本省实际情况，于 1995 年 6 月 30 日黑龙江省第八届人民代表大会常务委员会第十六次会议通过，制定了《黑龙江省基本农田保护条例》。于 1999 年对《黑龙江省基本农田保护条例》进行了修订。

　　《黑龙江省土地利用总体规划（1997—2010 年）》中 1996 年确定保护的基本农田是 1 083.32 万公顷，保护率为 91%。其中以哈尔滨市、齐齐哈尔市、双鸭山市、黑河市和绥化市的保护率最高。根据 2009 年底全省基本农田保护调查工作情况汇报的结果，确定的基本农田面积为 1 018.74 万公顷，占 2009 年末全省耕地面积 1 187.10 万公顷的 85.82%。全省基本农田分布主要情况是：哈尔滨市基本农田面积为 159.07 万公顷，齐齐哈尔市基本农田面积为 197.44 万公顷，绥化市基本农田面积为 148.18 万公顷，佳木斯市基本农田面积为 107.39 万公顷，黑河市基本农田面积为 98.53 万公顷。全省共划定基本农田地块数 646 620 块，建立基本农田保护标志数 7 967 个。

◆ **第三节 基本农田变化情况**

一、基本农田变化情况

《黑龙江省土地利用总体规划（1997—2010 年）》中规划基期 1996 年全省划定的基本农田为 1 083.4 万公顷，到 2009 年末全省基本农田面积为 1 018.74 万公顷，全省共减少基本农田面积 64.70 万公顷，其中非农建设占用 1 523.0 公顷，自然灾害毁损 1 509.0 公顷，生态退耕 8 838.0 公顷，农业结构调整减少 3 389.0 公顷。具体如下：黑龙江省能源、交通、水利等基础设施建设涉及基本农田的项目有 45 个，涉及面积 908.0 公顷；其中 28 个项目由国务院批准，涉及面积 775.0 公顷；17 个项目经修改规划后由黑龙江省政府批准，涉及面积 133.0 公顷；城镇村非农建设用地涉及占用基本农田面积 1 022.0 公顷，通过修改乡级规划进行调整，其中经黑龙江省政府批准 3 项，涉及面积 191.0 公顷，经市政府批准 18 项，涉及面积 825.0 公顷，未经批准占用基本农田的项目 4 个，涉及面积 6.0 公顷。全省补划基本农田 17 321.0 公顷，主要来源于一般耕地 13 421.0 公顷，土地整理增加 3 694.0 公顷，其他农用地改为基本农田 206.0 公顷。

基本农田减少地区主要有哈尔滨市、齐齐哈尔市、牡丹江市、佳木斯市、绥化市和黑河市，这 6 个地区的减少面积总共有 52.82 万公顷，占黑龙江省基本农田减少总面积的 81.63％；只有大庆市的基本农田变化情况是增加的，增加了 0.13 万公顷；其余地区都相应减少（详见表 5）。

二、基本农田变化原因

黑龙江省影响基本农田数量减少的主要原因是非农建设占用，这与原规划基本农田落位不尽合理有很大的关系。《黑龙江省土地利用总体规划（1997—2010 年）》在划定基本农田时按照《黑龙江省基本农田保护条例》规定，将粮、油、经济作物和名、优、特、新农产品生产基地，高产稳产农田和有良好基础设施的耕地，正在实施改造

表 5　基本农田变化统计表（一）　　　　　　单位：万公顷

单位	原规划面积	规划期末调查结果	变化情况
哈尔滨市	166.78	159.07	−7.71
齐齐哈尔市	209.08	197.44	−11.64
牡丹江市	59.28	51.26	−8.02
佳木斯市	113.21	107.39	−5.82
大庆市	54.41	54.54	0.13
鸡西市	64.68	61.82	−2.86
鹤岗市	39.01	38.74	−0.27
双鸭山市	74.54	70.67	−3.87
七台河市	17.79	16.14	−1.65
伊春市	13.34	12.59	−0.75
绥化市	162.11	148.18	−13.93
黑河市	104.23	98.53	−5.70
大兴安岭地区	4.86	2.36	−2.50

和列入农业综合开发项目的中低产田，城市和工矿区蔬菜生产用地，农业科研、教学单位、农业推广的试验田和良种繁育基地，农垦森工系统及国营农、林、牧、渔场及部队、劳改农场集中连片的耕地等划入基本农田保护区。

虽然经过预测，充分考虑了经济发展建设占用耕地的方向和趋势，但在当时的历史条件下，有一定的局限性，对经济发展的速度和势头估计不足，在基本农田的落位上着重考虑了《黑龙江省基本农田保护条例》的有关规定，直接导致了后续建设占用基本农田的问题和矛盾比较突出。在国家安排的一些重点基础设施建设，占用基本农田时应修改规划。由于总体规划修改过于频繁，不仅费时费力而且极大地减弱了规划的法律效力和权威性。从保护耕地方面看，当时历史条件下划定基本农田的主导思想是重点保护耕地，严格按照《黑龙江省基本农田保护条例》划定基本农田的数量并落位，严格执行基本农田保护政策约束非农建设，确实在很大程度上保护了大量优质高产农田，也促使建设用地走集约和节约的道路，这也是新时期所大力提倡的一种方向。

第十章

基本农田调查与新一轮土地利用总体规划的衔接

◆ 第一节 新一轮土地利用总体规划对基本农田保护的要求

新一轮土地利用总体规划对基本农田保护的目标是：科学划定永久基本农田，全面提升基本农田保护水平，努力实现基本农田保护与建设并重、数量与质量并重、生产功能与生态功能并重。

一、《全国土地利用总体规划纲要（2006—2020 年)》

已公布实施的《全国土地利用总体规划纲要（2006—2020 年)》强调围绕守住 18 亿亩耕地红线，严格控制耕地流失，加大补充耕地力度，加强基本农田建设和保护，强化耕地质量建设，统筹安排其他农用地，努力提高农用地综合生产能力和利用效益。

全国耕地保有量到 2020 年保持在 12 033.33 万公顷（18.05 亿亩），确保 10 400.00万公顷（15.6 亿亩）基本农田数量不减少、质量有提高。其中，黑龙江省的耕地保有量到 2020 年为 1 158.27 万公顷，规划期内耕地净减少量控制在 8.68 万公顷以内，规划期内确保基本农田保护面积 1 017.60 万公顷。

在《全国土地利用总体规划纲要（2006—2020 年)》中，明确提到对基本农田保护的要求，主要内容如下：

一方面，稳定基本农田数量和质量。要严格按照土地利用总体规划确定的保护目标，依据基本农田划定的有关规定和标准，参照农用地分等定级成果，在规定期限内调整划定基本农田，并落实到地块和农户，调整划定后的基本农田平均质量等级不得低于原有质量等级。严格落实基本农田保护制度，除法律规定的情形外，其他各类建设严禁占用基本农田；确需占用的，须经国务院批准，并按照"先补后占"的原则，补划数量、质量相当的基本农田。

另一方面，加强基本农田建设。要建立基本农田建设集中投入制度，加大公共财政对粮食主产区和基本农田保护区建设的扶持力度，大力开展基本农田整理，改善基本农田生产条件，提高基本农田质量。综合运用经济、行政等手段，积极推进基本农田保护示范区建设。

二、《土地利用总体规划编制标准》

在市、县、乡级土地利用总体规划编制规范中都有明确涉及对基本农田保护的要求。

（一）在市级土地利用总体规划编制规程的土地利用布局优化中明确提到优先安排基本农田：

第一，以农用地分等定级为依据，把优质耕地划入基本农田。

第二，协调好基本农田与各类建设用地的空间布局关系。

第三，在保持基本农田布局基本稳定的基础上，可按照面积不减少、质量有提高、布局更集中的要求，对基本农田进行适当调整。调整后的基本农田数量不得低于上一级规划下达的基本农田保护面积指标，平均质量等别应高于调整前的平均质量等别，或调整部分的质量等别有所提高。新调入基本农田的土地利用现状应当为耕地；现状基本农田中的优质园地、高产人工草地、精养鱼塘等，可以继续作为基本农田实施管护。

（二）在县级土地利用总体规划编制规程的土地利用结构和布局调整中明确提到优先保护耕地和基本农田：

在调查评价的基础上，根据上级规划下达的耕地和基本农田保护指标，编制耕地和基本农田保护方案，确定规划期间耕地保有量和增减数量，提出基本农田保护面积和调整的规模、范围，拟定耕地占补平衡、基本农田保护的实施措施。

对于基本农田保护区，涉及到以下三个方面。

1. 下列土地应当划入基本农田保护区：

（1）经国务院主管部门或者县级以上地方人民政府批准确定的粮、棉、油、蔬菜生产基地内的耕地。

（2）有良好的水利与水土保持设施的耕地，正在改造或已列入改造规划的中、低产田，农业科研、教学试验田，集中连片程度较高的耕地，相邻城镇间、城市组团间和交通沿线周边的耕地。

（3）为基本农田生产和建设服务的农村道路、农田水利、农田防护林和其他农业设施，以及农田之间的零星土地。

2. 下列土地不应划入基本农田保护区。

（1）已列入生态保护与建设实施项目的退耕还林、还草、还湖（河）耕地。

（2）已列入城镇村建设用地区、独立工矿区等土地用途区的土地。

3. 基本农田保护区土地用途管制规则：

（1）区内土地主要用作基本农田和直接为基本农田服务的农田道路、水利、农田防护林及其他农业设施，区内的一般耕地应参照基本农田管制政策进行管护。

（2）区内现有非农建设用地和其他零星农用地应当整理、复垦或调整为基本农田，规划期间确实不能整理、复垦或调整的，可保留现状用途，但不得扩大面积。

（3）禁止占用区内基本农田进行非农建设，禁止在基本农田上建房、建窑、建坟、挖沙、采矿、取土、堆放固体废弃物或者进行其他破坏基本农田的活动，禁止占用基本农田发展林果业和挖塘养鱼。

（三）在乡级土地利用总体规划编制规程的基本农田调整与布局中明确提到：

1. 基本农田调整的原则与要求：

（1）基本农田调整应遵循面积不减少、质量有提高、布局总体稳定的原则。

（2）调整后的基本农田面积应不低于上级规划下达的基本农田保护面积指标。

（3）调整后的基本农田平均质量等别应高于调整前的平均质量等别，或调整部分的平均质量等别有所提高。

（4）调整后的基本农田中非耕地、坡耕地的比重应当有所降低。

（5）调整后的基本农田集中连片程度应当有所提高。基本农田调整具体要求可参见《基本农田调整要求》。

2. 基本农田调整的检验分析：

（1）基本农田调整后，需对调整前、后的基本农田变化情况进行分析，检验评价相关成果，统计调整变化情况。

（2）乡级规划编制中，应结合基本农田调整情况，重点标注调入、调出基本农田的空间位置、质量等别、地类代码，编绘基本农田调整分析图。

（3）基本农田调整成果应当纳入乡（镇）土地利用总体规划数据库。

三、《基本农田划定技术规程》

在《基本农田划定技术规程》中确定了基本农田保护责任：第一，将划定后的基本农田保护责任落实到村或村民小组，签订或更新基本农田保护责任书，填写基本农田保护责任一览表；第二，基本农田保护责任书应当包括基本农田的范围、面积、地块、质量等级、保护措施、当事人的权利与义务、奖励与处罚等；第三，基本农田保护责任一览表以行政村为单位，包括村民小组、四至范围、基本农田责任面积、所在基本农田保护片（块）编号、质量等级、责任起始时间等，并加盖村公章，保护责任面积汇总数应等于该行政村基本农田面积汇总数。

另外还确定了基本农田保护标志：设立统一规范的基本农田保护标志牌和界桩，标示出基本农田的位置、面积、保护责任人、保护片（块）号、保护起始日期、相关政策规定、示意图和监督举报电话等信息。

基本农田发生变动的地块，应及时设立或更新标志牌。

四、《高标准基本农田建设规范》

2011 年 9 月，国土资源部印发了《高标准基本农田建设规范》。该规范的制定是为规范推进农村土地整治工作，大力加强旱涝保收、高产稳产高标准基本农田建设，促进耕地保护和节约集约利用，保障国家粮食安全，促进保护现代化发展和城乡统筹发展。

《高标准基本农田建设规范》当中明确指出，高标准基本农田即一定时期内，通过土地整治建设形成的集中连片、设施配套、高产稳产、生态良好、抗灾能力强、与现代农业生产和经营方式相适应的基本农田。包括经过整治的原有基本农田和经整治后划入的基本农田。高标准基本农田建设则是以建设高标准基本农田为目标，依据土地利用总体规划和土地整治规划，在农村土地整治重点区域及重大工程、基本农田保护区、基本农田整备区等开展的土地整治活动。

《高标准基本农田建设规范》要求，建设高标准基本农田，要坚持十分珍惜和合理利用土地、切实保护耕地的基本国策，规范开展高标准基本农田建设；坚持规划引导，统筹安排，规模整治，优先在基本农田范围内建设；坚持因地制宜，实行差别化整治，采取田、水、路、林、村综合整治措施；坚持数量、质量、生态并重；坚持农民主体地位，充分尊重农民意愿，维护土地权利人合法权益，鼓励农民采取多种形式参与工程建设；以土地整治专项资金为引导，聚合相关涉农资金，集中投入，引导和规范社会力量参与。

高标准基本农田建设的主要目标包括五方面：第一，优化土地利用结构与布局，实现集中连片，发挥规模效益；第二，增加有效耕地面积，提高高标准基本农田比重；第三，提高基本农田质量，完善田间基础设施，稳步提高粮食综合生产能力；第四，加强生态环境建设，发挥生产、生态、景观的综合功能；第五，建立保护和补偿机制，促进高标准基本农田的持续利用。

高标准基本农田建设的重点区域包括：基本农田保护区和基本农田整备区、土地利用总体规划确定的土地整理复垦开发重点区域及重大工程、土地整治规划确定的土地整治重点区域及重大工程、基本农田整理重点县。地形坡度大于 25°的区域、自然保护区、退耕还林区、退耕还草区、行洪河道以及河流、湖泊、水库水面等区域则禁止建设。

《高标准基本农田建设规范》强调，高标准基本农田建设内容主要包括土地平整、灌溉与排水、田间道路、农田防护与生态环境保持以及其他等五项工程。通过高标准基本农田建设，实现每个耕作田块直接临渠（管）、临沟、临路，保证每个耕作区与农村居民点相连。

《高标准基本农田建设规范》还规定了各项工程的具体建设标准，如耕作层厚度应达到 30 厘米以上，有效土层厚度应达到 60 厘米以上，灌溉水利用系数应不低于 0.6，田间基础设施占地率应不高于 8%，基础设施使用年限一般不低于 15 年等。

按照全国土地整治规划，2015 年我国将建成 4 亿亩高标准基本农田，2020 年力争建成 8 亿亩高标准基本农田，为国家粮食安全奠定坚实基础。

五、《黑龙江省土地利用总体规划（2006—2020 年）》

在《黑龙江省土地利用总体规划（2006—2020 年）》的规划目标中明确提出：保持耕地总量平衡，加大基本农田保护力度。全省耕地保有量到 2020 年为 1 158.27 万公顷，规划期内耕地净减少量控制在 8.68 万公顷以内；规划期内基本农田保护面积 1 017.60 万公顷，基本农田保护率 87.2%，做到基本农田有所增加，质量有所提高。

要求要加大基本农田保护力度，将松嫩平原、三江平原、牡丹江流域、蚂蚁河流域、倭肯河流域及黑龙江沿岸优质农田划入全省基本农田保护重点区域，要加大基本农田保护和建设力度，全面落实基本农田保护责任制。

要求稳定基本农田数量和质量，严格按照《黑龙江省土地利用总体规划（2006—2020 年）》确定的保护目标和要求，依据划定基本农田有关规定和标准，结合规划用地指标调整，按国家下达的基本农田保护面积划定基本农田，并落实到地块和农户，调整的基本农田面积控制在现有基本农田面积的 20%以内。加强对优质耕地的保护，落实细化基本农田空间布局及质量建设有效方案。严格落实基本农田及其农业设施保护责任制，除法律规定的情况外，其他各类建设不准占用基本农田及其附属基本设施，交通、水利、能源等建设确需占用的，须经国务院批准，并要补划面积和质量相当的基本农田。推进以基本农田为主的土地整理，实行田、水、路、林综合治理，改善农业生产条件和生态环境，建立高产稳产农田。

◆ 第二节　基本农田调查与新一轮土地利用总体规划的衔接

结合新一轮土地利用总体规划修编，调整划定基本农田，落到地块和农户。县级土地利用总体规划要划定基本农田保护区，乡级规划要落实到地块。编制基本农田保护专题图，标示出基本农田所有权界线、地块及编号等基本信息，同时与农业部门配合，把基本农田落实到承包农户。

针对黑龙江省现有基本农田状况及其与国家相关要求的差异，新一轮土地利用规划中应着重在以下方面开展衔接工作：

一、数量调控

根据新一轮规划《黑龙江省土地利用总体规划（2006—2020）》规划期内基本农田保护面积为 1 017.60 万公顷。而经过全国土地第二次调查，黑龙江省基本农田调查结果是基本农田面积为 1 018.74 万公顷，调查结果比规划保护面积多出 1.14 万公顷。

虽然黑龙江省基本农田总量上比规划基本农田保护面积稍多，但各地区的情况则有所差异。从表 6 可以看出，调查结果比规划期保护面积多的地区有哈尔滨市、齐齐哈尔市、大庆市、鸡西市、鹤岗市、双鸭山市和大兴安岭地区，这些地区在规划期内数量上要继续保持基本农田面积不低于规划面积，但可以适当调整，划入基本农田只许多，不许少；调查结果比规划期保护面积少的地区有佳木斯市、七台河市、绥化市和黑河市，这几个地区要及时调整，挑选优质耕地划入基本农田，达到保护目标；还有一些如牡丹江市和伊春市这些区域调查结果与规划期内要保护的基本农田面积相等，在规划期内这两个地区在基本农田总数量上要至少保持住这个临界值，可以多划入一些，但不能减少（见表 6）。

表6　基本农田变化统计表（二）　　　　　　　单位：万公顷

单位	二调结果	规划保护面积	比较结果
哈尔滨市	159.07	157.72	1.35
齐齐哈尔市	197.44	197.42	0.02
牡丹江市	51.26	51.26	0
佳木斯市	107.39	109.04	−1.65
大庆市	54.54	54.49	0.05
鸡西市	61.82	61.67	0.15
鹤岗市	38.74	38.62	0.12
双鸭山市	70.67	68.66	2.01
七台河市	16.14	16.76	−0.62
伊春市	12.59	12.59	0
绥化市	148.18	148.57	−0.39
黑河市	98.53	98.96	−0.43
大兴安岭地区	2.36	2.35	0.01

二、空间布局优化

（一）划定基本农田

黑龙江省是农业大省和国家重要的商品粮基地，人均粮食、人均耕地及耕地后备资源的数量均高于全国平均水平，每年为国家提供大量的粮食，就这一意义来讲，黑龙江省的耕地保护，特别是对基本农田的保护，不仅仅是本省的粮食安全问题，更是国家粮食安全体系的重要组成部分。因此，划定基本农田并优化其空间布局具有重大意义。

在基本农田空间布局上有以下几点要求：第一，以农用地分等定级为依据，把优质耕地划入基本农田，即有良好水利与水土保持设施的耕地，集中连片的耕地，水田、水浇地，国家和地方人民政府确定的粮、棉、油、菜生产基地内的耕地，土地整治复垦开发新增优质耕地，应当优先划为基本农田。第二，协调好基本农田与各类建设用地的空间布局关系，交通沿线的耕地、城镇扩展边界外的耕地、独立工矿、集镇村庄周边的耕地，原则上应当划为基本农田，各类新增建设用地的布局安排应当避让基本农田。第三，基本农田布局应与建设用地、生态用地布局相协调，城镇、村庄、基础设施以及生态建设等规划用地范围内的基本农田应当调出。第四，在保持基本农田布局基本稳定的基础上，可按照面积不减少、质量有提高、布局更集中的要求，对基本农田进行适当调整；调整后的基本农田数量不得低于上一级规划下达的基本农田保护面积指标，平均质量等别应高于调整前的平均质量等别，或调整部分的质量等别有所提高；新调入基本农田的土地利用现状应当为耕地；基本农田现状为优质园地、高产人工草地、精养鱼塘等，可以继续作为基本农田实施管护。

（二）划定基本农田保护区

对于基本农田的保护，除了将部分耕地划定为基本农田外，还要确定基本农田保护区，对其实施重点保护。

下列耕地应当划入基本农田保护区范围：

1. 经国务院主管部门或者县级以上地方人民政府批准确定的粮、棉、油、蔬菜生产基地内的耕地。

2. 有良好的水利与水土保持设施的耕地，正在改造或已列入改造规划的中、低产田，农业科研、教学试验田，集中连片程度较高的耕地，相邻城镇间、城市组团间和交通沿线周边的耕地。

3. 为基本农田生产和建设服务的农村道路、农田水利、农田防护林和其他农业设施，以及农田之间的零星土地。

（三）划定基本农田整备区

基本农田整备区是指在规划实施期间可以调整补充为基本农田的耕地集中分布区域。区内土地整治的资金投入，引导建设用地等其他地类逐步退出，建设具有良好水利和水土保持设施的、高产稳产的优质耕地，通过补划调整，使零星分散的基本农田向区内集中，形成集中连片的、高标准粮棉油生产基地。

在土地整治工作安排中，按照以下要求划定基本农田整备区：第一，乡级规划编制中，可在明确基本农田保护目标、落实基本农田保护地块的基础上，结合当地自然经济社会条件、新农村建设和土地整治项目，划定基本农田整备区。第二，应制定措施，对基本农田整备区内零星分散的基本农田和耕地实施整治，引导区内建设用地等其他土地逐步退出，建成具有良好水利和水土保持设施且集中连片的耕地集中分布区域。

三、划定永久性基本农田

2008 年 10 月，党的十七届三中全会提出了"建设永久性基本农田"的新主张，随后，国土资源部、农业部两部门联合发出的《关于加强和完善永久基本农田划定有关工作的通知》规定，基本农田划定应在第二次全国土地调查基本农田上图成果基础上，编制划定方案，将规划确定的基本农田逐图斑落实到基本农田地块，健全相关图表册，设立统一标识，落实保护责任，将划定的基本农田落实到村组和承包农户，结合农村土地承包经营权登记试点工作，逐步将基本农田标注到农村土地承包经营权证书上，建立基本农田数据库。

新一轮土地利用总体规划已经划定了基本农田，不但确定了数量，也落到了地块。永久基本农田不是在现有基本农田上的简单重叠，而是在新一轮土地利用总体规划已划定基本农田的基础上，通过选择确定部分优质基本农田不随规划调整而得到长期保护，从而实现基本农田保护区的基本稳定。

划定永久基本农田应遵循以下几个原则：第一，选择性原则。永久基本农田是在现有的基本农田基础上划定，不同于普通基本农田的鲜明特点是它的永久性，不是越多越好；一些宜建性不好的缓坡和斜坡基本农田，或者本身被占用的概率较高的基本农田，就不需要采用永久基本农田的形式来保护。第二，指令性原则。一个地区的永久基本农田划多少、划哪些，应由上级政府指定，所要划定的永久基本农田必须满足"城镇周边不能留基本农田"。第三，成本最小化原则。永久基本农田是基本农田保护制度的补充和完善，任何一项政策措施的实施，都要花费人力、物力、财力。第四，综合效益原则。永久基本农田为建立耕地保护补偿机制和落实各项重农政策提供了政策平台，永久基本农田建设应当与农业综合开发、粮食功能区建设、小流域综合治理、清水河道建设、土地开发整理复垦与标准农田建设相结合，减少重复建设，发挥最大效益。

在划定模式上，可以考虑重点区域保护与指令计划指标分解下达相结合的方式，分别作为国家级和地方级永久基本农田。

国家级永久基本农田数量和地块由省级人民政府直接划定。范围可以包括全省重要的粮食功能区、蔬菜生产基地，对全省范围内重要的粮食生产功能区和重要的农业景观区进行长期保护，以确保为国民提供必要的粮食来源和保持良好的生态环境。

地方级永久基本农田由县（市）级人民政府划定，根据土地利用总体规划和基本农田保护规划，按照现有基本农田分布状况，省级政府指令性确定各地划定永久基本农田总量，由地方政府负责落实地块、编制图件表册、建立数据库。

四、数据建库

根据《基本农田数据库标准》和《全国第二次土地调查土地利用数据库标准》，并按照黑龙江省基本农田建库要求，将基本农田空间数据在逻辑上分为三层：第一层为基本农田数据库，它定义了整个数据库所包含的内容；第二层为数据集，主要包括基础地理要素、土地利用要素和基本农田要素，每种要素集定义了所采用的坐标系统、空间范围和元数据信息等；第三层为相互关联的要素层，由点、线、面和注记层组成。它们之间具有继承和包含关系，在空间上又具有紧密的相互关联特征，比如基本农田保护图斑层，它是构成基本农田要素集中基本农田区、片、块三层的基础，而由于它们都属于基本农田要素集，因此所采用的地理坐标系和在空间范围尺度上又具有一致性。

由于基本农田调查的数据库标准是参照《全国第二次土地调查土地利用数据库标准》所建立的，因此它与土地利用规划参照的土地利用规划数据库标准在基本农田方面有一定的差异。具体表现如表7所示。

表7 二次调查数据库标准与土地利用规划数据库标准对比表 单位：万公顷

差异	二次调查数据库标准	土地利用规划数据库标准
要素的分类不同	有基本农田保护片	无基本农田保护片
要素的编码不同	2005010100 基本农田现状保护区 2005010200 基本农田现状保护片 2005010300 基本农田现状保护块	2005010100 基本农田现状保护区 2005010200 基本农田现状保护块 2005010300 基本农田现状注记
要素分层与命名不同	层要素在基本农田图层里 例：基本农田保护区 JBNTBHQ	层要素在基本农田现状图层里 例：基本农田保护区现状 JBNTBHQXZ

从上表可以看出两个标准在很多地方有区别，所以在数据库转换时是比较麻烦的。在此，提出以下方法来解决：

第一，针对要素分类不同的差异，解决方法是将基本农田调查数据库中的基本农田保护片层取消。

第二，针对要素编码不同的差异，解决方法是将要素代码与要素名称关联，统一修改，使其与规划数据库标准一致。

第三，针对要素分层与命名不同的差异，解决方法是先将基本农田调查数据库中层要素所在层的层名进行修改，使其与规划数据库标准一致，再将属性表名修改，使其与规划数据库标准的一致。

最后再检查，检查结果无误生成数据字典。

参考文献

白智慧，2011. 巴林右旗土地利用规划与生态评价研究 [D]. 呼和浩特：内蒙古师范大学.

鲍忠和，2006. 基于 HEDONIC 模型的地价评估修正体系建立研究 [D]. 杭州：浙江大学.

陈秋林，2008. 县级土地利用总体规划实施评价——以常德市鼎城区为例 [D]. 长沙：湖南师范大学.

陈雅春，程淑芳，潘保原，2007. 黑龙江省土壤保护重要性评价 [J]. 环境科学与管理，**3** (11)：53-54.

陈耀邦，1989. 大力开发和利用有机肥 [J]. 当代农业，(12)：3-8.

董晶莹，2012. 电力调度自动化系统安全与防护策略分析 [J]. 中国科技博览，(25)：304-306.

樊涛，2006. 基于 B/S 模式的铁路工务管理信息系统——防洪水害子系统设计与开发 [D]. 北京：北京交通大学.

方莲，2012. 我国首个高标准基本农田建设规范出台 [J]. 农业装备与车辆工程，(19)：56.

高克昇，2006. 浙江省低丘红壤资源调查与评价研究 [D]. 杭州：浙江大学.

国土资源部，2010. 国土资源部：基本农田保护锁定 5 项主要任务目标 [J]. 黑龙江农业科学，(2)：35.

国土资源部，2010. 国土资源部关于加强市县乡级土地利用总体规划成果核查工作的通知 [J]. 国土资源通讯，(2)：19-20.

国土资源部，2011. 高标准基本农田建设规范（试行）[J]. 国土资源，(20)：42.

国土资源部，农业部，2009. 国土资源部　农业部关于划定基本农田实行永久保护的通知 [J]. 国土资源通讯，(12)：47.

侯百君，2002. 黑龙江省安达市农田水利工程地理信息系统的研究与开发 [D]. 大连：大连理工大学.

姜杰，2011. 浅析桦川县悦来泵站更新改造的必要性 [J]. 水利科技与经济，(4)：45.

姜举娟，张春红，2013. 黑龙江省开展有机产品认证的潜力分析 [J]. 中国科技信息，(2)：69.

解玉环，2010. 农村土地承包法问答 (5) [J]. 湖南农业，(12)：26.

金开任，2011. 中学生地理学科能力分析与培养研究——以浙江省平阳县为例 [D]. 金华：浙江师范大学.

康新茸，2004. 运城市生态农业建设现状、途径与发展对策 [J]．山西农经，(2)：46 - 48.

李芳，2010. 永城市耕地与基本农田保护研究 [D]．郑州：河南大学.

李姣，2012. 永久性基本农田划定工作流程、建库及入库分析 [J]．地球，(12)：93 - 95.

李世贵，张彤，赵传章，等，2009. 抓住二调契机，大力发展白山土地事业 [J]．测绘与空间地理信息，**32** (3)：88 - 89.

李轶平，2008. 基于 GIS 技术的济南历城区基本农田的确定与空间定位研究 [D]．济南：山东师范大学.

李在军，管卫华，臧磊，2013. 山东省耕地生产效率及影响因素分析 [J]．世界地理研究，(2)：167 - 175.

李震，2012. 泰顺县基本农田划定及分析 [D]．杭州：浙江大学.

廖文峰，2008. 卫星遥感图像的几何精校正研究 [J]．地理空间信息，**6** (5)：86 - 88.

刘波，2007. 基于 Envisat Asar 的咸潮特征研究——以珠江三角洲为例 [D]．广州：中山大学.

刘洪江，曹玉香，2012. 基于 ArcGIS 实现地类图斑净面积的计算 [J]．城市勘测，(5)：114 - 116.

刘玲玲，2007. 地籍数据集与房产数据集整合研究 [D]．西安：长安大学.

楼启明，2011. 对划定永久基本农田的思考 [J]．浙江国土资源，(3)：44 - 45.

卢守润，方和玲，王祥福，2009. 莒县三措并举切实搞好耕地保护工作 [J]．山东国土资源，**25** (2)：37 - 39.

吕新，2012.《有机产品认证实施规则》全面实施 [J]．科技致富向导，(22)：8.

马下平，2011. 大型精密工程 GPS 控制网数据处理及投影变形研究 [D]．成都：西南交通大学.

莫鸣，罗光强，2005. 后税费时代农民增收对策探讨——以湖南省为例 [J]．华中农业大学学报，(3)：40 - 43.

彭艳丽，2011. 浅议增划基本农田的管理 [J]．中国土地，(8)：31 - 32.

钱文东，2006. QuickBrid 影像的几何校正 [J]．石河子科技，(4)：38 - 39.

山农，2012. 政府供应土地须是"净地"[J]．科技致富向导，(22)：8.

商明星，2009. 让粮食"藏"在土地里——创新基本农田保护与建设机制初探 [J]．国土资源通讯，(1)：39 - 43.

谭志海，2009. 土地开发整理对湘南农村环境的影响研究 [D]．长沙：湖南大学.

唐慧权，2010. 黑龙江省城市土地集约利用综合评价 [D]．大连：辽宁师范大学.

田春华，2008. 新《规划纲要》七大亮点 [J]．中国土地，(11)：14 - 17.

王峰，2011. 宾县国土资源局三项措施积极开展卫片执法检查 [J]．黑龙江国土资源，(3)：47.

王聘同，袁春，周伟，等，2010. 基于 MapGIS 的基本农田信息提取方法研究 [J]．安徽农业科学，**38** (3)：1596 - 1597.

王书彦，2009. 学校体育政策执行力及其评价指标体系实证研究——以黑龙江省普通中学为例 [D]．福州：福建师范大学.

王小燕，任国业，2012. 浅谈"3S"技术在基本农田动态监测中的应用研究 [J]. 安徽农业科学，**40** (28)：14116－14118.

王小燕，杨存建，邓小菲，等，2006. 石棉县森林资源地理信息系统的建立 [J]. 资源开发与市场，**22** (3)：230－234.

王旭，2009. 农村土地流转制度改革中耕地保护的再思考 [J]. 当代经济，(19)：30－32.

韦振锋，2011. 我国基本农田保护区划定研究 [J]. 魅力中国，(20)：113.

肖攀，艾萍，2012. 污染土地再利用如何步入正轨 [J]. 中国土地，(9)：37－39.

谢晓慧，曹猛，王小川，等，2012. 我国药学服务文献分析 [J]. 中国药学杂志，**47** (20)：1676－1679.

徐才江，陈志荣，2007. 宁波市江北区 1∶1 万基本农田数据建库方案探讨 [J]. 国土资源信息化，(6)：14－16.

徐军库，2006. 机场建设中遥感技术的应用（下）[J]. 机场建设，(3)：13－15.

尹君，栾国军，刘华根，等，2009. 遥感影像判读方法在大兴安岭东部林区二类调查中的应用 [J]. 内蒙古林业调查设计，**32** (6)：43－44.

于森，2009. 遥感图像三维可视化技术在矿山开采中的应用研究 [D]. 桂林：桂林理工大学.

于亚滨，马双全，2011. 面向世界的哈尔滨发展战略定位与空间格局 [J]. 城市规划，(6)：69－73.

于艳华，王友军，尹福林，2012. 基于主体功能区的土地利用分区研究——以内蒙古自治区为例 [J]. 内蒙古师范大学学报，(1)：98－101.

余锡欧，陶凯，戴中泉，等，2004. 神奇的黑土地 [J]. 现代经济信息，(6)：10－15.

张冰，杜鹃，2010. 浅谈遥感图像的目视判读 [J]. 林业勘查设计，(4)：114－116.

张丹丹，张安明，张引，等，2012. 基于 GIS 技术的基本农田划定研究——以重庆市黔江区金溪镇为例 [J]. 中国农业资源与区划，**33** (6)：51－56.

张丽茜，赵国存，吴荣涛，2013. 对《高标准基本农田建设标准》的解读与建议 [J]. 农学学报，**3** (5)：62－65.

张全景，2007. 我国土地用途管制制度的耕地保护绩效研究 [D]. 南京：南京农业大学.

中国棉花杂志社，2012. "十二五"期间我国将建设高标准基本农田 4 亿亩 [J]. 中国棉花，(7)：42.

中华人民共和国国务院，2008. 国务院关于印发全国土地利用总体规划纲要（2006—2020 年）的通知 [J]. 国土资源通讯，(20)：4－19.

周志璜，2004. 农村税费改革后，"一事一议"筹资问题的探讨 [J]. 福建农业，(8)：6－7.

朱旭东，2008. 我国理论上每年可节约粮食 1500 万吨 [J]. 种业导刊，(6)：51.